Découvrez l'histoire par les archives de presse

RETRONEWS

Le site de presse de la BnF

www.retronews.fr

8°S
8356.

ANNUAIRE DE
LA POMME DE TERRE
INDUSTRIELLE
DE
1893

DÉPOT LÉGAL
Nord
N° 444
1893

PUBLIÉ SOUS LA DIRECTION DE

Georges GRAS

Ingénieur Sucrier
Ancien Elève de l'Ecole Centrale des Arts et Manufactures
Directeur Gérant de la Revue technique

" LA POMME DE TERRE INDUSTRIELLE "

AVEC LA COLLABORATION DE

Albert BAUDRY

Ingénieur Chimiste

NOTES PRATIQUES & RENSEIGNEMENTS UTILES

POUR

L'INDUSTRIE FÉCULIÈRE

NOMENCLATURE DES FÉCULERIES & GLUCOSERIES

Distilleries de Pommes de terre, etc.

DE FRANCE & DE BELGIQUE

avec nombreux Renseignements sur chacune de ces Usines

Situation, Importance de la Fabrique, etc., etc.)

ANZIN-LEZ-VALENCIENNES (Nord)

22, Rue de la Liberté, 22

Bureaux du Journal « LA POMME DE TERRE INDUSTRIELLE »

ET DANS LES PRINCIPALES LIBRAIRIES

Installations complètes de Féculeries et Amidonneries

par Jules JOLY, Constructeur (Voir page 44)

BAUDET Fils, à Saint-Amand (Nord)

SPÉCIALITÉ DE

LAMES DE RAPES

EN TOUS GENRES

POUR FÉCULERIES

Godets en tôle, Crochets en tous genres et Tronçons de chaînes en fer pour élévateurs. Fourches en acier. Nochères. Tuyaux. Seaux en tôle pour fabriques. Réparation des godets en tôle.   3414

EXIGEZ LE VÉRITABLE

ÉLIXIR TONIQUE ANTIGLAIREUX DU Dʳ GUILLIÉ

Depuis plus de quatre-vingts ans, l'ÉLIXIR du Dʳ GUILLIÉ est employé avec succès contre les maladies du Foie, de l'Estomac, du Cœur, Goutte, Rhumatismes, Fièvres Paludéennes et Pernicieuses, la Dysenterie, la Grippe ou Influenza, les maladies de la Peau et les Vers intestinaux.

C'est un des médicaments les plus économiques comme Purgatif et comme Dépuratif, c'est le meilleur remède contre toutes les maladies occasionnées par la Bile et les Glaires.

Refuser tout antiglaireux ne portant pas la signature Paul GAGE

PRIX : Bout., 6 fr. ; la ½ bout., 3 fr. 50

Docteur PAUL GAGE Fils,

Pharmacien de 1ʳᵉ Classe
9, rue de Grenelle-St-Germain, Paris
ET DANS TOUTES LES PHARMACIES

Pilules d'Extrait d'Elixir
Tonique Antiglaireux
Du Docteur GUILLIÉ
Le Flacon, 3 fr. 50 Le ½ Flac., 2 fr.

Sirop d'Extrait d'Elixir
Tonique Antiglaireux
Du Docteur GUILLIÉ
Ce Sirop, à base de Curaçao, d'un goût très agréable, est le purgatif le plus facile à prendre aux femmes et aux enfants. — Le Flacon : 2 fr.

...NTATION MODERNE

PAU — 11, rue Nouvelle-Halle, 11 — PAU

P. SANS

Fondateur-Propriétaire

Spécialité de Cafés.

Huiles fines de toutes provenances

Conserves alimentaires

Vins fins, Liqueurs, Spiritueux

Grands Vins de Champagne

Produits Anglais

THÉS DIVERS

PROVENANCE AUTHENTIQUE. — IMPORTATION DIRECTE

Maison de confiance absolue

8° S
8356

ANNUAIRE DE

LA POMME DE TERRE

INDUSTRIELLE

DE

1893

PUBLIÉ SOUS LA DIRECTION DE

GEORGES GRAS

Ingénieur Sucrier

Ancien Elève de l'Ecole Centrale des Arts et Manufactures

Directeur Gérant de la Revue technique

" LA POMME DE TERRE INDUSTRIELLE "

AVEC LA COLLABORATION DE

ALBERT BAUDRY

Ingénieur Chimiste

NOTES PRATIQUES & RENSEIGNEMENTS UTILES

POUR

L'INDUSTRIE FÉCULIÈRE

NOMENCLATURE DES FÉCULERIES & GLUCOSERIES

Distilleries de Pommes de terre, etc.

DE FRANCE & DE BELGIQUE

avec nombreux Renseignements sur chacune de ces Usines

Situation, Importance de la Fabrique, etc., etc.)

ANZIN-LEZ-VALENCIENNES (NORD)

22, Rue de la Liberté, 22

Bureaux du Journal « LA POMME DE TERRE INDUSTRIELLE »

ET DANS LES PRINCIPALES LIBRAIRIES

LA POMME DE TERRE

INDUSTRIELLE

Publication Technique Illustrée paraissant tous les mois

JOURNAL

des Cultivateurs de Pommes de Terre, Féculiers, Glucosiers

ET DISTILLATEURS DE POMMES DE TERRE

Culture de la Pomme de terre Appareils et Procédés de Fabrication de la Fécule, Glucose et Alcool	Chimie appliquée à la Culture et à la Fabrication, Statis- tique, Législation. etc.

ÉCHOS ET NOUVELLES INTÉRESSANT L'INDUSTRIE FÉCULIÈRE, ETC.

REVUE PUBLIÉE SOUS LA DIRECTION DE

Georges GRAS

Ingénieur-Sucrier — Directeur du Journal " LA BETTERAVE "

et ancien Elève de l'Ecole Centrale des Arts et Manufactures

AVEC LA COLLABORATION D'AGRONOMES, INGÉNIEURS ET CHIMISTES

ADMINISTRATION & RÉDACTION

22, Rue de la Liberté, 22 à ANZIN-lez-Valenciennes (Nord)

PRIX DE L'ABONNEMENT :

FRANCE	UNION POSTALE
Un an .... 6 fr.	Un an 7.30

LIVRE I

TRAITÉ DE CHIMIE APPLIQUÉE

A LA

FÉCULERIE, GLUCOSERIE ET LES INDUSTRIES DÉRIVÉES

PAR

Albert **BAUDRY**, Ingénieur-Chimiste

CHAPITRE I.

DÉTERMINATION DE LA FÉCULE
DANS LES PULPES DE POMMES DE TERRE.

La détermination de la quantité de fécule laissée dans les
pulpes présente un grand intérêt, car non seulement elle
permet de se rendre compte de la perte à l'extraction mais
encore de vérifier le travail de la râpe et des tamis.

Il n'est pas douteux que beaucoup de fabricants n'hésite-
raient pas à améliorer leur outillage, s'ils se rendaient bien
compte des quantités énormes de matière utile qu'ils laissent
ainsi dans les résidus.

L'industrie de la fécule a beaucoup à faire sur ce point.

On peut déterminer la fécule contenue dans les pulpes par
deux méthodes très différentes l'une de l'autre, puisque la
première permet de déterminer directement la fécule sous
son état naturel tandis que la seconde méthode exige que la
fécule soit au préalable transformée en un nouveau composé,
le sucre glucose.

Première Méthode

Le procédé que nous avons fait connaître pour l'analyse des pommes de terre et de la fécule s'applique aussi à la détermination de la fécule laissée dans les pulpes.

On prélève sur les tamis un échantillon de pulpes aussi moyen que possible, et, après mélange intime, on en pèse un poids de 7 gr. 95 sur un trébuchet sensible au 1/2 centigramme; on transvase ce poids de pulpes dans un mortier de porcelaine et on le broie en présence de vingt grammes de quartz fin, préalablement lavé à l'acide, puis ensuite à l'eau et séché. — Quand la matière est *parfaitement divisée*, il ne reste plus qu'à la faire passer dans un ballon de 250 cc. avec environ 150 cc. d'eau chaude renfermant 2 0/0 de chlorure de zinc desséché et d'ajouter ensuite 0 gr. 60 d'acide salicylique cristallisé, puis de placer le ballon sur un bain de sable et de maintenir une douce ébullition pendant une heure. — Après ce temps, on retire le ballon du bain de sable, et l'on y ajoute de l'eau froide presque jusqu'au trait de jauge de 250 cc., on le place dans un réfrigérant contenant de l'eau froide, pendant 15 à 20 minutes, c'est-à-dire jusqu'à ce que le liquide du ballon ait atteint une température de 15.—18° C. A ce moment on jauge exactement le ballon, on l'agite à plusieurs reprises par retournement et l'on filtre.

Le liquide filtré qui doit être clair et limpide est examiné au moyen de notre palarimètre spécial appelé « Féculomètre optique » dans un tube d'une longueur de 200 $^m/_m$.

Sur l'échelle de l'instrument *on lit directement le pour cent de fécule contenue dans 100 grammes* de pulpes essayées.

Du résultat trouvé il faut retrancher 3/10 de degré afin de tenir compte de l'influence d'une partie de la pectine passée en dissolution. Ainsi si l'on aura lu sur l'échelle du Féculomètre 8° 7, la pulpe renfermera 8° 7, — 0° 3 = 8°,4 0/0 de fécule en poids.

Le véritable poids de pulpe à peser serait de 8 gr. 30 pour

un volume de 250 cc. — Ici nous ne prenons que 7 gr. 95 afin de tenir compte du volume occupé par les 20 gr. de quartz employés pour diviser la pulpe. — Ce poids de quartz occupe un volume de 8 cc.

Deuxième Méthode

On prend un poids donné de pulpe, soit 12 gr. 50 que l'on loge dans un ballon de 250 cc. avec environ 150 cc. d'un acide sulfurique étendu renfermant 8 0/0 d'acide réel. On place le ballon au bain-marie bouillant pendant 2 h. 1/2 exactement. On retire ensuite le ballon pour le laisser refroidir dans l'eau, puis on neutralise *presque* toute l'acidité du liquide au moyen d'une solution de soude caustique et l'on complète le volume à 250 cc.; on agite par retournement et l'on filtre.

Le liquide filtré renferme alors du sucre glucose, formé aux dépens de l'amidon de la pulpe, sous l'influence de l'acide et de la chaleur. Ce sucre glucose est alors dosé au moyen de la liqueur cupro-potassique de *Violette*, et, de la quantité de sucre ainsi trouvée, on en déduit celle d'amidon qui a donnée naissance à ce nouveau composé.

Dans un ballon non gradué d'une capacité d'environ 125 cc. on verse 20 cc. de liqueur cupro-potassique et l'on place ce ballon sur une petite plaque de cuivre, percée en son milieu d'un trou dont le diamètre est égal à celui du fond du ballon ; on chauffe alors le fond du ballon au moyen d'un bec de gaz, (en évitant ainsi de chauffer les côtés du ballon qui ne peut recevoir la chaleur que par le bas). On fait bouillir pendant une minute environ la liqueur de cuivre, puis peu à peu et en plusieurs fois, on ajoute la liqueur sucrée contenue dans une burette graduée, (en centimètres cubes et dixièmes de centimètre cube) jusqu'à décoloration de la liqueur cupro-potassique, en ayant soin de faire bouillir le mélange pendant quelques secondes après chaque nouvelle addition de liqueur sucrée.

Avec une certaine habitude, on arrive parfaitement à saisir le moment où la réduction de la liqueur cuivrique est complète. D'ailleurs, lorsqu'on est arrivé au point exact, l'on voit tout l'oxydule de cuivre précipité, gagner rapidement le fond du ballon, tandis que la liqueur surnageant le précipité est entièrement décolorée.

Connaissant le titre de la liqueur de cuivre employée, on calcule la quantité d'amidon de la façon suivante :

Admettons que la liqueur de Violette soit normale, c'est-à-dire que 10 cc. de cette liqueur = 0,05 de sucre glucose correspondant alors à 0,045 de fécule anhydre, et, qu'il ait fallu 20 cc. 5 de liqueur sucrée pour décolorer 20 cc. d'une telle liqueur cuivrique, nous dirons que 20 cc. 5 de liqueur sucrée renferment 0 gr. 10 de sucre glucose (correspondant ainsi à 0 gr. 09 de fécule anhydre) alors 100 cc. renfermeront

$$\frac{0 \text{ gr. } 09}{20 \text{ cc. } 5} = \frac{x}{100} \qquad x = 0 \text{ gr. } 439$$

c'est-à-dire que 100 cc. de liquide sucrée renferment une quantité de sucre correspondante à 0 gr. 439 de fécule anhydre. Mais comme ces 100 cc. de liquide = 5 gr. de pulpe, la quantité de fécule anhydre contenue dans 100 gr. de pulpes sera

$$\frac{0 \text{ gr. } 439}{5 \text{ gr. } 00} = \frac{x}{100} \qquad x = 8,78 \text{ °/₀}.$$

Cette méthode est la plus simple de toutes celles employant la saccharification car elle est beaucoup plus rapide et pratique que celle qui exige la dissolution préalable de la fécule sous pression en présence d'acide lactique par exemple.

Elle donne cependant des résultats s'écartant un peu de la vérité, car sous l'action énergique de l'acide et de la chaleur, la cellulose et la pectine sont saccharifiées et viennent ainsi se compter comme étant de la fécule.

De plus si on employait un acide plus concentré que celui que nous avons indiqué et qu'on prolongerait le temps de chauffage, il y aurait alors destruction partielle du sucre *Dextrose* formé, ce que l'on remarquerait par la coloration foncée du liquide.

Nous proposons, comme amélioration à ce procédé, de dissoudre à *l'air libre* et à *l'ébullition*, la fécule en présence d'acide salicylique (et de chlorure de zinc comme désagrégeant des cellules de la pulpe), puis de ficher la solution de fécule soluble et d'en prendre un volume déterminé pour le saccharifier comme nous l'avons déjà dit.

Il faut toujours avoir soin que la solution à saccharifier renferme 8 0/0 d'acide sulfurique, en volume.

PRÉPARATION DE LA LIQUEUR DE VIOLETTE

Pour préparer la liqueur de Cuivre de Violette, il faut faire deux solutions, la première composée de :

Sulfate de cuivre pur et sec...	36 gr. 46
Eau distillée	140 cc.

et la seconde solution :

Sel de Seignette pur..........	200 gr.
Lessive de soude caustique à 24° Baumé.................	500 cc.

On introduit d'abord dans un ballon de 1 litre, les 500 cc. de lessive de soude à 24° B°, puis les 200 gr. de sel de Seignette pur ; on facilite la dissolution en agitant légèrement le vase chauffé au bain-marie.

D'autre part, on dissout au bain-marie les 36 gr. 46 de sulfate de cuivre, sec et non effleuri, que l'on a mis avec les 140 cc. d'eau distillée dans une capsule en porcelaine. Lorsque le sel de cuivre est dissout, on le verse *lentement* dans la solution alcaline de sel de Seignette ; il se forme un précipité que l'on redissout en agitant de temps en temps le ballon. La capsule est bien rincée et l'eau de lavage est introduite dans le ballon que l'on complète à peu près au volume de 1 litre et qu'on place dans un réfrigérant à eau froide. Lorsque le liquide du ballon a atteint la température d'environ 15° c., on jauge exactement le ballon à 1 litre et l'on mélange bien la liqueur, qui doit être parfaitement claire.

Si cette liqueur de Cuivre est bien préparée, 10 cc. doivent correspondre exactement à 0 gr. 05 de sucre glucose c'est-à-dire à 0 gr. 045 de fécule pure et anhydre transformée ultérieurement en sucre glucose.

On doit toujours titrer cette liqueur avant de s'en servir.

Dans ce but on pèse, sur une balance sensible au milligramme, 4 gr. 750 de sucre blanc *pur* et *sec*, que l'on met dans un ballon de 1 litre avec 25 cc. d'acide sulfurique à 8 0/0 et environ 500 cc. d'eau distillée. On place le ballon au bain-marie pendant une demi-heure à la température de 70° c. Il ne reste plus alors qu'à laisser refroidir le ballon et ensuite de le jauger au volume de 1 litre avec de l'eau distillée à 15° c. ; 10 cc. d'une telle liqueur renferment une proportion de sucre inverti (ayant le même pouvoir réducteur que la glucose) capable de réduire 10 cc. de liqueur de Violette normale, c'est-à-dire correspondant à 0 gr. 05 de glucose.

On fait le titrage comme nous l'avons déjà indiqué pour l'essai des pulpes de pommes de terre.

Admettons, par exemple, que 20 cc. de liqueur de cuivre n'aient exigé que 19 cc. 2 de liqueur sucrée pour être décolorée, nous saurons tout de suite que la liqueur de cuivre est plus faible et que son titre réel sera de

$$\frac{0.10}{x} = \frac{20}{19.2} \left\{ \begin{array}{l} x = 0 \text{ gr. } 096 \text{ de sucre glucose.} \\ = 0 \text{ gr. } 0864 \text{ de fécule anhydre et pure.} \end{array} \right.$$

C'est-à-dire que 20 cc. de liqueur de cuivre sont réduits par 0 gr. 096 de sucre glucose qui pourra alors provenir de la saccharification de 0 gr. 0864 de fécule pure et anhydre.

On inscrit alors sur le flacon le titre ainsi trouvé, et l'on a soin de placer la liqueur dans une armoire à l'abri de la lumière.

Comme la liqueur de Violette est très altérable, il est prudent d'en fixer le titre avant de s'en servir.

ANALYSE DES FÉCULES

L'analyse commerciale des fécules comprend les déterminations suivantes :

1° Eau.

2° Fécule réelle.

3° Matières minérales.

Le dosage de l'eau se fait sur un poids de 5 gr. de fécule que l'on place à l'étuve pendant environ 4 heures, en ayant soin de ne chauffer l'étuve que vers 50 ou 60 degrés centigrades pendant la première heure, et ensuite d'élever la température jusqu'à 112° — 115° c. pendant les deux dernières heures.

Ce dosage exige assez de précautions et surtout que l'air humide puisse se dégager de l'étuve.

Dosage de la Fécule. Il s'opère en saccharifiant par l'acide sulfurique à 8 0/0, un poids de 1 gr. 25 de fécule dans un ballon de 250 cc. que l'on place au bain-marie bouillant pendant deux heures et demie.

Le dosage du sucre glucose formé ainsi aux dépens de la fécule se fait comme il a été indiqué à l'essai des pulpes par saccharification.

Dosage des matières minérales. Il s'opère en incinérant dans une capsule de platine 10 gr. de fécule (séchée au préalable pour les fécules vertes).

Les impuretés organiques sont ainsi dosées par différence. Cette façon de faire laisse beaucoup à désirer car, par l'incinération on n'obtient pas les impuretés minérales réelles, car les acides organiques (carbonique, oxalique), combinés aux bases et une partie du chlore et des alcalis, sont chassés par la chaleur — Donc les impuretés organiques seront toujours trop élevées.

C'est pour ce motif que nous avons proposé au commerce d'acheter la fécule selon la *quantité réelle de fécule soluble à chaud dans l'acide salicylique,* qui ne dissout pas les impuretés organiques telles que parois cellulaires, ni les impuretés minérales qui auraient pu être ajouter frauduleument (Carbonate de chaux, plâtre, argile blanche).

Toutes ces impuretés retenues par le filtre peuvent alors être dosées.

De plus le dosage de la fécule par polarisation se fait avec une approximation que la saccharification ne saura jamais donner, puisque l'on peut apprécier par polarisation la richesse d'une fécule *à deux dixièmes* de pour cent (0.2 0/0).

Pour le dosage de la fécule par polarisation — on pèsera *5 gr. 533* de fécule que l'on versera dans un ballon de 250 cc. avec environ 140 — 150 cc. d'eau et 0 gr. 600 d'acide salicylique. Une ébullition, au bain de sable, durant 20 à 25 minutes, suffit pour la dissolution de la fécule. Après refroidissement du ballon dans l'eau, on le jauge exactement à 250 cc. et on filtre, et avoir soin de mélanger le liquide. Le liquide filtré est alors observé dans un tube de 300 $^m/_m$, au moyen de notre « Féculomètre optique ». Sur l'échelle de l'instrument on *lit directement* la teneur centésimale de la fécule. Ainsi une déviation de 80°,8 sur l'échelle indiquerait que le produit essayé contient 80,8 0/0 de fécule pure et anhydre.

Une fécule pure est entièrement soluble dans l'acide salicylique à chaud. Si elle renfermait encore quelques parois cellulaires (comme c'est le cas pour certaines fécules même destinées à l'alimentation) on pourrait voir ces impuretés organiques en suspension dans la solution de fécule. C'est là encore un précieux moyen d'apprécier la pureté d'une fécule.

Il y a quelque temps on a proposé de se servir d'acide azotique pour solubiliser la fécule et ainsi la doser par la polarisation.

Ce procédé est malheureusement défectueux parce que sous l'action de l'acide azotique (10 0/0) et de la chaleur, la fécule non seulement se solubilise, mais encore se transforme en sucre dextrose, de façon qu'il est impossible de saisir le moment ou la solubilisation est complète et la fécule non encore attaquée.

Ainsi une fécule commerciale contenant 81 0/0 de fécule réelle nous a donné

Au bout de 10'	Polarisation......	134º
Id. id. 20'.........	Id.	96º
Id. id. 40'.........	Id.	86º
Id. id. 60'.........	Id.	83º 4
Id. id. 70'.........	Id.	82º 0
Id. id. 120'.........	Id.	76º 7
Id. id. 180'.........	Id.	73º 0

L'erreur peut être assez grande vu la différence énorme qui existe entre les pouvoirs rotatoires du sucre glucose $(\alpha)_D + 53º$ et celui de l'amidon soluble $(\alpha)_D + 202º 66$.

CHAPITRE II.

SACCHARIFICATION DES FÉCULES

La marche de la saccharification des fécules est suivie au moyen de l'Iode. Avec une certaine habitude on peut arrriver à déterminer assez approximativement le moment où l'opération peut être regardée comme terminée. Ce moyen si simple ne permet pas malheureusement de se rendre compte des proportions de glucose et de dextrine formées. Il est pourtant nécessaire de connaître ce renseignement quand on veut se rendre compte si la quantité d'acide employée et le temps de chauffage sont suffisants pour produire le sirop soit riche en dextrine comme dans le " sirop de fécule ", soit au contraire riche en glucose pour obtenir les " massés ".

L'analyse chimique seule est capable de différencier ces deux composés *dextrine et glucose*. La méthode employée est basée sur la propriété que possède le glucose de réduire la liqueur de cuivre, propriété dont ne jouit pas la dextrine.

Par un premier dosage, fait sur le produit tel que, on détermine la quantité de sucre glucose qu'il renferme, puis on saccharifie en présence d'un grand excès d'acide la dextrine. qui se transforme alors à son tour en sucre glucose. Un nouveau dosage fait connaître la quantité totale de glucose existante dans le produit ainsi complètement saccharifié ; en retranchant de cette quantité totale, le glucose trouvé dans le premier dosage, on trouve ainsi la quantité de glucose provenant de la dextrine saccharifiée, et par suite ce qu'il y avait de dextrine dans le sirop essayé.

Quand on doit doser la dextrine et le glucose dans un sirop ou dans un massé, il faut avoir soin de diluer ce sirop ou ce massé de façon à obtenir une solution d'une densité de 1039 à 1040, afin que tous les essais que l'on pourra faire ultérieurement puissent devenir comparables entre-eux.

On prend d'abord exactement la densité de la solution à la température de 15° c. puis du liquide ainsi formé, on prélève exactement 20 cc. que l'on verse dans un ballon de *200* cc. avec 80 cc. d'acide sulfurique à 10 0/0. On place le ballon au bain-marie bouillant pendant deux heures et demie. On neutralise ensuite la majeure partie de l'acidité au moyen d'une liqueur de soude caustique, après refroidissement du ballon ; on jauge alors à 200 cc. et l'on filtre après agitation du ballon par retournement.

Dans le liquide filtré, que l'on a versé dans une burette graduée, on recherche la quantité de glucose qu'il renferme, (comme nous l'avons indiqué au dosage de la fécule dans les pulpes, par saccharification). On obtient ainsi le glucose total. Comprenant celui contenu normalement dans le sirop et celui provenant de la saccharification de la dextrine.

Par un autre essai fait sur 20 cc. de solution dilués à 200 cc., on dose directement la quantité de glucose qu'elle renferme.

En appelant S la quantité de glucose totale après saccharification et G la quantité de glucose existant normalement dans la solution, la dextrine D sera donnée par la formule

$$(S - G) \times 9 = D$$

Exemple : Après inversion de 20 cc. de solution diluée à 200 cc. on a trouvé qu'il fallait 11 cc., 6 de la liqueur diluée pour décolorer 10 cc. de liqueur de Violette, dont le titre serait de 5 gr. de glucose par litre, c'est-à-dire dont 10 cc. de liqueur (de cuivre) serait réduite par 0 g. 05 de glucose.

Donc 11 cc. 6 de liqueur sucrée = 0 g. 05 glucose.

Alors 100 cc.   id.   id.   = 0 g. 431   id.

Mais 100 cc. de liqueur sucrée diluée correspondent à 10 cc. de notre solution normale.

Donc 10 cc. de solution = 0 gr. 431 de glucose.

Id. 100 cc.   id.   = 4 gr. 31   id.

Supposons que lors du titrage du glucose existant normalement, nous ayons trouvé qu'il fallait 14 cc. 4 de liqueur sucrée diluée pour décolorer 10 cc. de cette même liqueur de cuivre.

14 cc. 4 de liqueur diluée = 0 gr. 05 de glucose.

100 cc.   id.   id.   = 0 gr. 3472   id.

ou 10 cc. solution normale = 0 gr. 3472 de glucose.

100 cc.   id.   id.   = 3 gr. 472   id.

D'où 4 gr. 31 — 3 gr. 472 = 0 gr. 838.

Nous aurons ainsi 0 gr. 838 de glucose provenant de la saccharification de la dextrine, ce qui fera, calculé en dextrine : 0 gr. 838 × 0,90 = 0 gr. 7545.

Car 100 parties de glucose sont données par la saccharification de 90 parties de dextrine.

Notre solution renfermera donc :

Glucose...... 3 gr. 472   0/0 cc.

Dextrine..... 0 gr. 754   0/0 cc.

Rapport de la dextrine à la glucose $\dfrac{21.7}{100}$

Cette méthode qui donne de bons résultats a le défaut d'être longue ; il faut en effet au moins quatre heures pour exécuter les dosages. Elle permet de se rendre compte de la composition des sirops lorsque la saccharification est terminée ; elle ne peut donc fournir aucun renseignement pendant le travail sur l'état de la fécule en train d'être saccharifiée.

Méthode par Polarisation

C'est alors que la méthode optique est appelée à rendre des services considérables pour suivre les produits en cours de travail lorsque l'iode ne colore plus la masse en bleu, ou mieux dès que la coloration Violette apparaît. En ce moment on considère le produit en train de se saccharifier comme formé de dextrine et de glucose puisque l'on sait depuis les derniers travaux de M. Flourens, qu'il n'y a pas formation de Maltose.

Nous savons d'autre part que les pouvoirs rotatoires du sucre glucose et de la dextrine sont très différents l'un de l'autre, ce qui nous permettra de suivre au moyen de la polarisation la marche de la saccharification, puisqu'au fur et à mesure qu'il y aura formation de glucose au détriment de la dextrine, il y aura diminution de rotation droite ; le glucose possède un pouvoir rotatoire droit quatre fois plus petit que la dextrine.

Voici comment nous opérons pour suivre le travail d'un saccharificateur.

Nous prélevons un échantillon aussi moyen que possible et nous le dissolvons dans l'eau distillée de façon à obtenir une solution d'une densité voisine de 1039 à 15° c. La densité de la solution est prise exactement au moyen d'un densimètre très sensible. Nous prélevons 50 cc. de la solution que nous versons dans un ballon de 100 cc., dont nous complétons le volume avec de l'eau distillée, puis nous filtrons. Le liquide filtré est alors examiné à notre " Féculomètre optique " dans un tube de 200 $^m/_m$.

Soit R la déviation droite, elle sera alors la résultante des déviations simultanées de la dextrine et du glucose.

Sur 10 cc. de solution que nous diluons à 100 cc. nous dosons le glucose (existant normalement dans le sirop essayé), soit alors g, la quantité de glucose dans 100 cc. de solution normale. Cette somme g de glucose, produira une déviation droite égale à $g^{gr.} \times 7^o 8$ sur l'échelle de notre appareil.

En retranchant de la déviation totale celle due au glucose, il restera alors par différence la déviation due à la dextrine.

$$2 R - g^{gr.} \times 7^o 8 = R'D$$

D'autre part, nous savons que 1 gramme de dextrine donne une rotation de 32° sur notre appareil.

La quantité de dextrine contenue dans 100 cc. de solution normale sera

$$\frac{R'D}{32}$$

APPLICATION. — 50 cc. de solution dilués à 100 cc. ont donné une déviation de $103^o = R$, (la déviation réelle sera $2 R = 206^o$) et la quantité de glucose dosée directement a été trouvée de 3 gr. 85 0/0 cc. de solution normale. Cette quantité de glucose a produit une déviation de 3 gr. $85 \times 7^o 8 = 30^o$ que l'on doit retrancher de la déviation totale, soit $206^o - 30 = 176^o$.

Il reste alors 176° dus uniquement à l'influence de la dextrine, ce qui correspond à une quantité de

$$\frac{176^o}{32} = 5 \text{ gr. } 50$$

Donc 100 cc. de notre solution normale renferment

$$\text{Glucose.... } 3 \text{ gr. } 85$$
$$\text{Dextrine ... } 5 \text{ gr. } 50$$

Admettons que nous ayons pris encore un échantillon trois quarts d'heure ou une heure plus tard et que nous ayons trouvé

$$R = 61^o \quad \text{et } g = 7 \text{ gr. } 85$$

La quantité de dextrine sera

$$61^o \times 2 - 7 \text{ gr. } 85 \times 7.8 = 60^o 8$$

D'où $$\frac{60^o 8}{32} = 1 \text{ gr. } 9$$

100 cc. de notre (nouvelle) solution normale renferment :

$$\text{Glucose..... } 7 \text{ gr. } 85$$
$$\text{Dextrine.... } 1 \text{ gr. } 90$$

Comme nos solutions ont été faites au *même degré* de dilution les résultats sont comparables dans les deux cas précités. C'est là un point d'une importance extrême.

On voit de suite que le dosage du glucose peut même être supprimé et que la polarisation seule suffit, du moment qu'on a soin d'opérer sur des solutions de même concentration ou au moins de densité connue. Ainsi dans notre premier exemple la déviation était de 206°, ce qui indiquait que la saccharification était loin d'être terminée, tandis que dans le second exemple la déviation n'était plus que de 122°, ce qui montrait tout de suite qu'il y avait eu formation d'une grande quantité de glucose aux dépens de la dextrine.

Il est facile de construire une table faisant connaître les proportions de dextrine et de glucose *pour des solutions de même densité*, d'après leurs déviations. Aussi dans nos deux exemples précités une déviation de 206° correspond à 140 parties de dextrine pour 100 parties de glucose, tandis que la déviation de 122° correspond 24 parties de dextrine pour 100 parties de glucose.

Il est facile de voir tout le parti que l'on peut tirer de l'analyse optique pour suivre la marche des saccharifications.

A la suite de recherches faites sur les *saccharifications industrielles*, nous avons reconnu que les composés autres que le glucose avaient un pouvoir rotatoire de $(\alpha)_D + 215$ pour la lumière jaune, et c'est ce résultat trouvé *pratiquement* que nous avons adopté, lorsqu'il n'y avait ni excès d'acide ni caramélisation du sucre dans le saccharificateur.

Dans les saccharifications faites au laboratoire, en présence d'un excès d'acide considérable et à l'air libre ce pouvoir rotatoire pour les corps autres que le glucose, est plus élevé et a été trouvé $(\alpha)_D + 275°$.

Il faut donc vérifier pour chaque usine, ce pouvoir rotatoire des composés dextrogyres autres que le sucre glucose.

Admettons par exemple que pour la solution normale on

ait trouvé pour 100 cc. :

Glucose direct................... 7 gr. 85

Dextrine par saccharification..... 1 gr. 90

Déviation directe de la solution (50 cc. dans 100 cc.). 68° 3.

La déviation due aux composés destrogyres autres que le sucre glucose et que nous avons appelée jusqu'ici *Dextrine* sera de

$$68° 6 \times 2 - 7 \text{ gr. } 85 \times 7° 8 = 76°$$

$$\frac{76}{1 \text{ gr.}9} = 40 \text{ degrés pour 1 gr. de ces corps.}$$

Donc sur notre " féculomètre optique " 1 gr. de ces corps donnera une déviation de 40°. — C'est-à-dire sera 4 fois plus dextrogyre qu'une même quantité de Saccharose puisque notre appareil est réglé en prenant pour unité la déviation donnée par 10 de Saccharose pure et sèche pour 100 degrés de l'appareil — alors ici, pour $(\alpha)_D$, ces corps auraient un pouvoir rotatoire de 67°3 $\times$ 4 = 269°2, en admettant que le pouvoir rotatoire de la saccharose est bien $(\alpha)_D + 67°3$.

CHAPITRE III

ANALYSE DU MALT

Dosage de l'humidité

On dessèche à l'étuve vers 105°, 5 grammes de Malt finement moulu, en ayant soin de ne chauffer que modérément pendant la première demi-heure.

La perte de poids $\times$ 20 = quantité d'humidité contenue dans 100 gr. de Malt.

Dosage de l'acidité

Tous les Malts étant généralement acides, par suite de la fermentation qu'ils subissent, il convient donc de rechercher l'acide lactique formé. Dans ce but on broie légèrement dans un mortier. 10 gr. de grains avec de petites quantités d'eau distillée, ajoutée à plusieurs reprises, mais de façon à ne pas employer plus de 80-85 cc. de liquide. On transvase alors tous les grains dans un ballon de 100 cc., on rince le mortier avec quelques centimètres cubes d'eau, l'on jauge le ballon exactement à 100 cc., on agite plusieurs fois et on laisse reposer le ballon environ 1/4 d'heure. Ensuite on filtre et sur 50 cc. du liquide, l'on dose l'acidité au moyen d'une solution de soude $\frac{N}{10}$ ou d'eau de chaux titrée au préalable.

Dosage de l'amidon total

On saccharifie par l'acide sulfurique à 8 0/0 1 gr. 25 de Malt finement moulu et logé dans un ballon de 250 cc. La saccharification se fait au bain-marie bouillant pendant 2 h. 1/2 à 2 h. 3/4. Le dosage se termine comme nous avons déjà dit lors de l'essai des pulpes par saccharification.

Dosage de la drèche

La drèche est le résidu insoluble de la saccharification du Malt par la diastase qu'il renferme.

On prend 50 gr. de malt finement broyé, que l'on place dans une capsule en porcelaine avec environ 200 cc. d'eau tiède. On chauffe le tout, en remuant de temps en temps et en ayant soin que la température s'accroisse lentement jusqu'à 45'—50° c. température que l'on maintient pendant 20 minutes, pour l'élever jusqu'à 63° — 64° et ensuite pour la maintenir pendant environ 2 heures, ou plutôt jusqu'à ce que l'iode ne colore plus en bleu une goutte de la solution (sucrée), c'est-à-dire jusqu'à ce que l'amidon se soit complètement modifié sous l'influence du ferment diastasique. On transvase alors le tout dans un ballon de 250 cc. ainsi que les eaux de lavage de la capsule, puis on met le ballon à refroidir pendant 1 heure. On complète alors le volume à 250 cc. on mélange intimement la masse et après l'avoir laissée reposer pendant quelques instants, l'on filtre sur deux filtres tarés, ayant exactement le même poids, en ayant la précaution de couper au préalable, la pointe de l'un des deux filtres (celui extérieur) afin de faciliter le passage du liquide.

La majeure partie du liquide clair qui passe (formé de sucre maltose, dextrine, matières minérales solubles, et d'une partie des matières organiques autres, principalement des albuminoïdes) est recueillie dans une éprouvette de manière que l'on puisse en prendre la densité. Cette indication a de la valeur, car on a remarqué qu'un malt sera d'autant meilleur qu'il donnera un liquide plus dense.

Quant aux matières insolubles constituant la drèche, elles sont restées sur le filtre et imprégnées encore de liquide saccharifié. On les lave à l'eau chaude, jusqu'à ce que l'eau ne dissolve plus rien ; on laisse égoutter et l'on porte ensuite les deux filtres et l'insoluble à l'étuve à 100° c. jusqu'à dessication complète. A ce moment on détache les deux filtres l'un de l'autre et on les place chacun sur un des plateaux de la balance. La quantité d'humidité contenue dans 50 gr. de drèche, sera donnée par la valeur des poids qu'il aura fallu ajouter sur le plateau de la balance sur lequel a été placé le filtre vide, devant servir de tare à celui renfermant l'insoluble.

Dosage des matières azotées totales

Ce dosage ne présente qu'une valeur relative, car la puissance de saccharification d'un malt n'est pas toujours fonction de sa teneur en matières azotées totales. On détermine l'azote total dans le malt soit par la méthode à la chaux sodée, soit par celle de Kjeldahl, que l'on trouvera décrites dans les traités d'analyses.

Dosage des matières albuminoïdes

Le maltage rendant la plus grande partie des matières albuminoïdes solubles dans l'alcool, on a pensé apprécier la qualité d'un malt, d'après le poids de l'extrait qu'il donne lorsqu'on le traite par l'alcool. On prend 10 gr. de malt finement moulu, qu'on fait bouillir à deux reprises, avec 50 cc. d'alcool, en ne traitant les 10 gr. de malt chaque fois que par 25 cc. d'alcool. On filtre le tout sur un filtre à plis, on lave l'insoluble avec de l'alcool bouillant, jusqu'à ce qu'il ne dissolve plus rien. La liqueur alcoolique est concentrée, puis transvasée dans une capsule de platine et tarée, placée au bain-marie et enfin à l'étuve à eau jusqu'à poids constant.

Le poids trouvé $\times$ 10 = extrait alcoolique %‰ gr. de malt.

ANALYSE DES MOUTS SACCHARIFIÉS PAR LE MALT

L'analyse des moûts sucrés provenant de la saccharification par le malt, comprend :

1° La détermination du poids spécifique,
2° id. de l'acidité,
3° id. du poids de maltose formée,
4° id. id. de dextrine formée,
5° id. id. d'amidon non saccharifié,
6° id. du rapport existant entre les poids de maltose et de dextrine formées,
7° La détermination du quotient de pureté apparent.

Poids spécifique

Tous les essais doivent être faits sur du moût clair ; il faut au préalable le filtrer à travers soit d'un sac en laine soit d'une toile en coton bien secs. Les premières parties du liquide filtrés seront rejetées.

Dans une éprouvette en verre, on verse du moût filtré, en ayant soin que toute la masse du liquide essayé soit à une température de 15° c., ce que l'on peut facilement obtenir en plaçant l'éprouvette dans un courant d'eau froide. On plonge dans le liquide un densimètre sensible et dont les divisions marquées sur la tige sont bien espacées. Après un repos de

TABLE

donnant le degré saccharométrique pour 100 cc. d'une solution sucrée pure
de densité connue, à la température de 15° C.

Densité	Degré Sacchar.	Densité	Degré Sacchar.	Densité	Degré Sacchar.	Densité	Degré Sacchar.	Densité	Degré Sacchar.	Densité	Degré Sacchar.
10.30	7.74	10.49	12.67	10.68	17.61	10.87	22.58	11.06	27.56	11.25	32.58
10.31	8.00	10.50	12.93	— 9	17.87	— 8	22.84	— 7	27.83	— 6	32.84
— 2	8.26	— 1	13.19	10.70	18.13	— 9	23.10	— 8	28.03	— 7	33.10
— 3	8.52	— 2	13.45	— 1	18.39	10.90	23.36	— 9	28.36	— 8	33.37
— 4	8.78	— 3	13.70	— 2	18.65	— 1	23.62	11.10	28.62	— 9	33.63
— 5	9.03	— 4	13.97	— 3	18.91	— 2	23.89	— 1	28.88	11.30	33.90
— 6	9.30	— 5	14.22	— 4	19.17	— 3	24.15	— 2	29.15	— 1	34.17
— 7	9.55	— 6	14.49	— 5	19.44	— 4	24.41	— 3	29.41	— 2	34.43
— 8	9.81	— 7	14.74	— 6	19.70	— 5	24.67	— 4	29.67	— 3	34.69
— 9	10.07	— 8	15.01	— 7	19.96	— 6	24.93	— 5	29.94	— 4	34.96
10.40	10.33	— 9	15.27	— 8	20.22	— 7	25.20	— 6	30.20	— 5	35.23
— 1	10.59	10.60	15.52	— 9	20.49	— 8	25.46	— 7	30.47		
— 2	10.85	— 1	15.78	10.80	20.75	— 9	25.71	— 8	30.73		
— 3	11.11	— 2	16.04	— 1	21.01	11.00	25.99	— 9	30.99		
— 4	11.37	— 3	16.30	— 2	21.27	— 1	26.25	11.20	31.26		
— 5	11.63	— 4	16.56	— 3	21.53	— 2	26.51	— 1	31.52		
— 6	11.89	— 5	16.82	— 4	21.79	— 3	26.77	— 2	31.78		
— 7	12.15	— 6	17.08	— 5	22.05	— 4	27.04	— 3	32.05		
— 8	12.41	— 7	17.35	— 6	22.32	— 5	27.30	— 4	32.31		

quelques minutes, on lit le degré densimétrique correspondant au point d'affleurement.

Lorsqu'on a ainsi déterminé le poids spécifique du moût, on peut se rendre compte assez approximativement et d'une façon simple et rapide, de quantités de sucre maltose et de dextrine qu'il renferme. Il suffit de chercher dans la table que nous donnons ci-contre quel est le degré saccharométrique d'une solution de sucre cristallisable pour un même poids spécifique que celui du moût essayé. Nous admettons ainsi que le sucre *maltose*, la dextrine et le saccharose ont le même poids spécifique, ce qui n'est pas exact, mais on l'admet par hypothèse, parce que l'erreur n'est pas très grande et que les renseignements que l'on peut en déduire sont très utiles du fait qu'ils sont comparatifs entre eux.

Ainsi par exemple, si le poids spécifique du moût a été trouvé être de 1104, la table ci-contre donnée, nous fera voir qu'une solution sucrée pure (saccharose) d'une telle densité contiendrait par litre 270 gr. 4 de sucre cristallisable. Dans le cas présent, nous admettrons aussi pour le moût qu'il renferme par litre 270 gr. 4 de matières dissoutes (maltose, dextrine, matières minérales solubles et matières organiques autres solubles). Nous dirons donc que le degré saccharomé- du moût est de 27 gr. 04 0/0 cc.

Dosage de l'acidité

Au moyen d'une pipette jaugée, on prélève exactement 100 cc. de moût filtré, que l'on versera dans un ballon de 500 cc., on ajoute de l'eau distillée pour compléter le volume du ballon. Cette solution du moût servira non seulement pour le dosage de l'acidité, mais encore pour ceux de la *maltose* et de la dextrine.

Dans un verre à pied on verse 100 cc. de cette solution correspondant à 26 cc. de moût et on y dose l'acidité au moyen du papier de Tournesol sensible de **H. Pellet**, par une solution de soude $\frac{N}{10}$. Le résultat trouvé s'exprime soit en acide sulfurique, soit en acide lactique.

Dosage de la Maltose

On prend 20 cc. de la solution de moût = 4 cc. de moût normal et on le verse dans un ballon de 100 cc. On parfait le volume avec de l'eau distillée ; on a ainsi une solution de moût à 4 0/0. On y dose le sucre maltose au moyen de la liqueur de Fehling en ayant la précaution de faire bouillir le mélange de liqueur de cuivre et de liqueur sucrée pendant 3 ou 4 minutes après chaque nouvelle addition ; car le sucre maltose réduit plus difficilement la liqueur de Fehling que le sucre glucose.

10 cc. de liqueur de Fehling ou de Violette sont réduits par 0 gr. 05 de glucose ou par 0 gr. 075 de sucre maltose.

Exemple. On a employé 10 cc. 7 de liqueur sucrée pour décolorer 10 cc. de liqueur de Violette ou de Fehling. Donc 100 cc. de liqueur sucrée renfermeront

$$\frac{0.075}{10.7} = \frac{\times}{100} \qquad x = 0 \text{ gr. } 70 \text{ de sucre maltose.}$$

Mais 100 cc. de cette solution sucrée = 4 cc. de moût. 100 cc. de moût renfermeront 0 gr. 70 × 25 = 17 gr. 50 de Maltose.

Dosage de la Dextrine

Dans un ballon de 250 cc. on saccharifiera 25 cc. de la solution de moût en présence de 100 cc. d'un acide sulfurique à 10 0/0. Le ballon sera placé pendant 2 h. 1/2 au bain-marie bouillant.

Dans ces conditions la Maltose et la Dextrine seront transformées en sucre glucose, que l'on titrera par la liqueur de Violette.

Exemple. On a employé 10 cc. 4 de liqueur sucrée (renfermant 2 cc. de moût par 100 cc.) pour décolorer 10 cc. de liqueur de cuivre (dont 10 cc. = 0 gr. 05 glucose) — 100 cc. de liqueur renfermeront $\frac{0 \text{ gr. } 05}{10 \text{ cc. } 4} = \frac{\times}{100}$ $x = 0$ gr. 48 alors 0 gr. 48 de glucose — ou 2 cc. de moût normal = 0 gr. 48 glucose

100 cc. en renfermeront 0 gr. 48 $\times$ 50 $=$ 24 gr. de glucose. Mais ces 24 gr. de glucose contenus dans 100 cc. de moût normal proviennent de la transformation non seulement de la dextrine mais encore de la Maltose; pour avoir la quantité de dextrine sous forme de glucose, il faut donc retrancher du glucose total, celui fourni par la transformation de la Maltose, nous savons que 1 de Maltose $=$ 1.053 de glucose, donc les 17 gr. 50 de Maltose trouvés précédemment auront donné naissance à 17 gr. 50 $\times$ 1,053 $=$ 18 gr. 42 de glucose.

Donc 24 gr. — 18 gr. 42 $=$ 5 gr. 58 de glucose afférente à la dextrine. La quantité de dextrine sera alors de

$$5 \text{ gr. } 58 \times \frac{90}{100} = 5 \text{ gr. } 02$$

Dosage de la quantité d'amidon non attaqué par la diastase

On verse 200 cc. de moût tel que dans un flacon de 1 litre ainsi que 5 à 600 cc. d'eau distillée. On agite le tout pendant quelques instants et on laisse reposer pendant 12 heures; au bout de ce temps on décante le liquide clair sur un filtre et l'on remet de l'eau distillée sur le dépôt formé et l'on recommence les mêmes manipulations. La plus grande partie de la dextrine et de la maltose est entrainée par ces eaux de lavage. On met ensuite toute la matière insoluble sur le filtre et l'on continue les lavages à l'eau tiède et enfin à l'alcool. On recherchera l'amidon non saccharifié dans ce résidu insoluble en l'attaquant par un acide sulfurique à 8 0/0 (comme il a été déjà dit).

Quotient de pureté apparent du moût

C'est le nombre que l'on obtient lorsqu'on divise la somme des poids de maltose et de dextrine contenus dans 100 cc. de moût par le degré saccharométrique. *Exemple.* — Degré saccharométrique du moût 27 gr. 04 (correspondant à un poids spécifique de 1104), quantités de maltose 17 gr. 50, de dextrine 5 gr. 02.

$$\text{Quotient de pureté apparente} = \frac{17 \text{ gr. } 50 + 5 \text{ gr. } 02}{27 \text{ gr. } 04} = 0,833$$

L'analyse du moût ici donné comme exemple, se renseignera:

Densité 1104

Dégré saccharométrique 27 gr. 04

Maltose................. 17 gr. 50) correspondant à 24 g. de

Dextrine...............   5 gr. 02) glucose par 100 cc. de moût

Rapport de la dextrine à la maltose $\frac{1}{3,48}$

Quotient de pureté apparente 0,833 ou simplement 83,3.

Une telle analyse indique au distillateur que chaque litre de moût saccharifié correspond à une quantité d'amidon égale à $240 \times \frac{40}{100} = 216$ grammes puisque 100 cc. de moût, après saccharification par l'acide a montré une teneur en sucre glucose de 24 grammes.

Le rendement théorique en alcool à 100° G. L. sera donc de 21 k. 6 × 67,8 = 14 l. 64 par hectolitre de moût, selon la formule de Pasteur.

Cette quantité théorique n'est jamais atteinte à cause des pertes de fabrication. — En comptant un rendement industriel de 60 litres d'alcool par 100 kilogr. d'amidon, c'est donc près de 13 litres d'alcool à 100° G. L. qu'on devra obtenir par hectolitre de moût.

Le contrôle de la quantité d'amidon entrant dans le travail doit toujours se faire sur la cuve à saccharifier, afin d'être sûr de pouvoir prendre un échantillon moyen.

Albert BAUDRY.

LABORATOIRE INDUSTRIEL

Fondé en 1868 à Saint-Quentin

A. VIVIEN

18, Rue de Baudreuil, 18

à SAINT-QUENTIN (Aisne)

Analyses de toute nature Recherches et Etudes diverses	Brevets Consultations Industrielles

EXPERTISES & ARBITRAGES

ON PREND DES ÉLÈVES

3741

On trouve au Bureau du Journal

"LA POMME DE TERRE INDUSTRIELLE"

à ANZIN (Nord)

LES ADRESSES-ÉTIQUETTES

POINTILLÉES & GOMMÉES

1° De tous les **Féculiers de France,** 300 adresses environ, franco par poste..................... **3 00**

2° De tous les **Glucosiers de France** et de l'Etranger, franco par poste................. **1 00**

3° De tous les **Distillateurs agricoles** et industriels de France, 450 adresses environ, franco par poste.......... .... **4 50**

Ces collections toujours mises à jour sont très commodes pour l'expédition rapide et économique des prospectus, catalogues et échantillons.

POMMES DE TERRE

à grand rendement et résistant à la maladie

Prix-Courant et Catalogue sur demande à

M. GRANDJEAN

Cultivateur

à la Ferme de Voyaux à Ménessis par Tergnier (Aisne)

3526

LIVRE II

REVUE TECHNOLOGIQUE

CHAPITRE I.

CULTURE DE LA POMME DE TERRE

Études sur la Pomme de terre

à la Station Expérimentale de Cappelle par Templeuve (Nord)

Les hommes les plus compétents en matières agricoles ont reconnu depuis longtemps que le meilleur moyen de rendre l'agriculture prospère et rémunératrice serait son industrilisation.

Pour atteindre ce but, dans les conditions économiques où nous sommes, nous n'avons que peu de chose dans les plantes que nous devons cultiver. Ne pouvant plus avoir recours aux graines oléagineuses ni aux textiles, il ne nous reste pour ainsi dire plus que la betterave et la pomme de terre.

Cette situation nous a guidé dans nos recherches pour arriver à produire cette racine et ce tubercule dans les conditions les plus économiques.

Depuis longtemps, nous avons publié chaque année les récoltes que nous avons obtenues dans nos champs d'expériences et d'expérimentations de betteraves, en faisant connaître les moyens dont nous nous servions pour les obtenir, et depuis que M. Aimé Girard, par ses expériences et ses travaux, a attiré l'attention sur les avantages que l'on pourrait retirer

Maison **JACQUET-ROBILLARD**, fondée en 1836

La plus ancienne fabrique de Semoirs français

J. MARÉCHAL

Chevalier du Mérite Agricole, **CONSTRUCTEUR**, 4, rue de Turenne et 5, rue du Vent-de-Bise, à ARRAS.

PLUS DE 500 MÉDAILLES

Plus de 7000 Semoirs livrés

INSTRUMENTS AGRICOLES EN TOUS GENRES

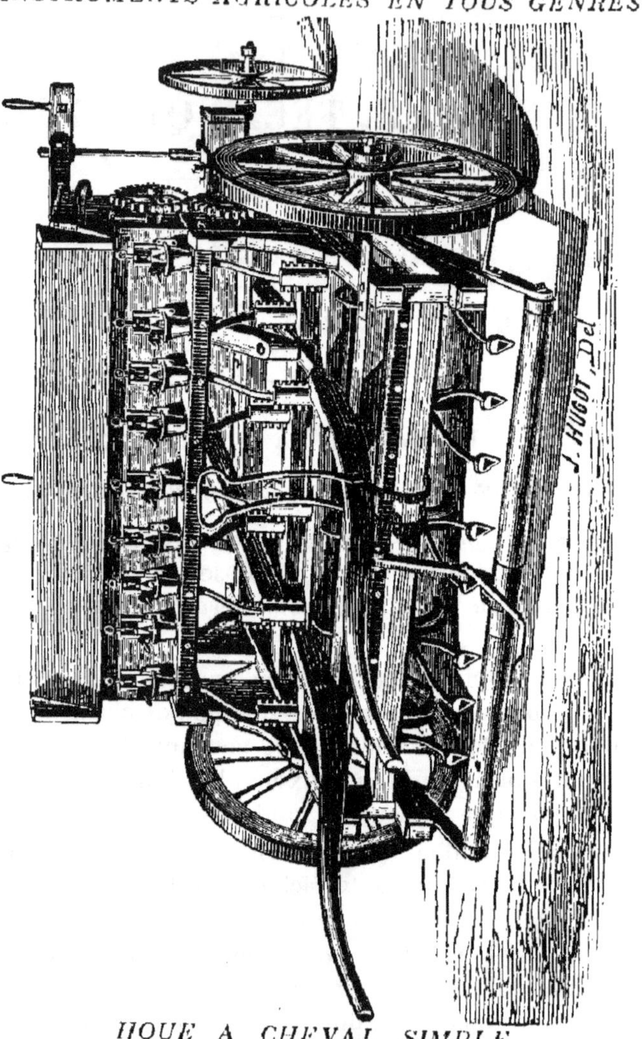

HOUE A CHEVAL SIMPLE

Houe avec boîte à engrais

HOUE A EXTENSION INSTANTANÉE

Distributeur d'Engrais

ENVOI FRANCO DU CATALOGUE SUR DEMANDE   3762

de la culture de la pomme de terre pour l'industrie et la consommation domestique, nous nous sommes appliqué à étudier cette solanée, en employant les mêmes méthodes que celles que nous avons choisies pour la betterave; c'est-à-dire rechercher les meilleures espèces, développer par la sélection et l'analyse, leurs qualités et combattre leurs défauts, en un mot, les améliorer afin de la produire au plus bas prix de revient.

Continuant nos expériences antérieures, nous avons établi, en 1892, 3 hectares de champs d'expériences, comprenant 269 essais, et 12 hectares de champs d'expérimentation.

Nous commençons par donner les résultats de nos champs d'expérimentation et nous continuerons ensuite par la publication de ceux de nos champs d'expériences.

Champs d'expérimentation n° 1

Sa superficie est de 6 hectares 50 ares, divisée en 13 parties égales de 50 ares, dans lesquelles nous avons mis en comparaison onze espèces de pommes de terre les plus renommées et pouvant, à notre avis, être cultivées avec succès, pour la féculerie, la distillerie, la nourriture des animaux et même être employées pour la consommation domestique.

Avant d'énumérer les résultats que nous avons obtenus dans notre champ d'expérimentation n° 1, nous croyons devoir faire connaître les moyens que nous avons employés pour les atteindre, c'est-à-dire l'assolement que nous avons suivi, les labours que nous avons exécutés, les engrais que nous avons employés, les différentes façons culturales que nous avons données, etc.

Nature des terrains

Argileux léger se composant d'une couche arable de 30 à 35 centimètres formée par des labours et des défoncements successifs; (il y a 30 ans elle était de 20 centimètres) ils sont humides; pour faciliter l'écoulement des eaux, ils ont été drainés.

ATELIERS DE CONSTRUCTION

DE

E. FOURCY & FILS & CIE

à *CORBEHEM* (Pas-de-Calais)

FOURNISSEURS DE LA MARINE

ET DES ARSENAUX

Chaudronnerie en fer et Chaudronnerie en cuivre

FONDERIE DE FER

Moulages en terre et en sable

CONSTRUCTIONS MÉCANIQUES EN TOUS GENRES

Ponts et Charpentes en fer

GÉNÉRATEURS A BOUILLEURS TUBULAIRES ET SEMI TUBULAIRES

Système VICTOOR et FOURCY

MONTAGE

*de Sucreries, Raffineries, Sucrateries, Glucoseries, Maltoseries,
Distilleries par le malt et par l'acide, Brasseries,
Raffineries de potasse, de pétrole et de produits chimiques*

INSTALLATION DE LA DIFFUSION

Triple-Effet, Cuite en grains

Ateliers spéciaux pour la Construction des
APPAREILS SAVALLE

DISTILLERIES, FÉCULERIES

Installations complètes à forfait

Gare, Poste et Télégraphe à CORBEHEM (Pas-de-Calais)

3740

Assolement

Blé en 1888 ;
Porte-graines de betteraves en 1889 ;
Blé en 1890 ;
Betteraves à sucre en 1891 ;
Pommes de terre en 1892.

Préparation de la terre

Les labours, hersages, façons à la houe à cheval, binages mécaniques, etc., ont été donnés, pour chaque récolte, autant de fois que cela a été reconnu nécessaire.

En septembre 1890, pour la récolte de betteraves de 1891, il a été exécuté un labour de 35 centimètres et en octobre 1891 un autre labour de 30 centimètres. Pour les pommes de terre, dans les premiers jours d'avril 1892, la terre a été labourée de nouveau à 25 centimètres pour enfouir le fumier qui, ensuite, a été divisé au moyen de trélycle ; elle a été sillonnée à 15 centimètres pour la plantation des pommes de terre.

Engrais et amendements

1888 : Pas d'engrais pour blé.

1889 : A l'hectare, 50.000 kilog. de bon fumier de ferme, 200 hectol. d'urine d'animaux pour betteraves porte-graines.

1890 : Pas d'engrais pour blé.

1891 : 10.000 kil. de chaux en septembre 1890 sur labour de 35 centimètres au printemps, en mars, 1.800 kilog. de tourteaux de sésame titrant 6.45 d'azote et 350 kilog. de nitrate de soude dosant 15.82 d'azote pour betteraves à sucre.

1892 : 40 000 kil. de fumier frais de ferme en avril, 450 kil. de sang desséché titrant 12.85 d'azote employé au moment de la plantation et épandu avant de faire les billons et 340 kil. de sulfate d'ammoniaque épandu le 4 juin après la levée des pommes de terre et enfoui avec la houe à cheval.

COMMERCE DE VIEUX MÉTAUX

Matériels Industriels

POUR

Féculeries, Amidonneries, Sucreries
Glucoseries, Distilleries, Brasseries et autres Industries

COMMISSION -- EXPERTISES

NUMA SICAUD

10, Rue Derrière-les-Murs-de-Bavay

VALENCIENNES

Machines à vapeur de tous systèmes

GÉNÉRATEURS

TRANSMISSIONS, POULIES, COURROIES, BACS

CONCASSEURS

Pompes diverses et autres Objets

ACHAT DE VIEUX MÉTAUX ET MATÉRIELS

3723

Plantation

Elle a été faite les 26 et 27 avril, à une distance de 70 centimètres sur 50, en mettant les tubercules coupés dans le fond du billon.

Levée

Elle s'est effectuée d'une façon régulière, mais tardive, 30 jours après la plantation, du 26 avril au 4 juin ; celles des Boursier, des Richter's-Imperator, Institut de Beauvais, a été un peu plus active que celle des Aspasie et des Athènes que nous venons d'importer.

Façons culturales diverses pendant la végétation

27 et 28 avril, remplissage des billons ;

4 mai, roulage ;

11 et 12 mai, hersage ;

2 et 3 juin, binage à la houe à cheval ;

6 et 9 juin, second binage à la houe à cheval pour enfouir le sulfate d'ammoniaque ;

13 et 14 juin, binage à la main dans les lignes ;

16 juin, troisième binage à la houe à cheval ;

27 et 28 juin, premier buttage :

13 juillet, deuxième buttage pour détruire les mauvaises herbes levées sur les billons.

Noms des variétés, leur description et leurs rendements

Géante bleue sélectionnée à Cappelle

Poids des plantes employées à l'hectare, 658 kilos.

Levée, du 26 mai au 2 juin à 96 p. 0/0.

Fanes, très abondantes, de couleur vert foncé et d'une hauteur de 65 centimètres.

Feuilles, vert foncé, légèrement frisées d'une largeur de 45 $^m/_m$.

MAGNIER

CONSTRUCTEUR

à PROVINS (Seine-et-Marne)

Semoirs en lignes *à rayonneurs variables pour tous les terrains même accidentés.*

Semoirs à la volée *de toutes longueurs, les mieux perfectionnés.*

Semoirs à engrais *donnant satisfaction pour les quantités et l'uniformité.*

3898

ANALYSES, CONSULTATIONS & EXPERTISES

Etudes et Recherches relatives à la Sucrerie, à la Féculerie à la Distillerie, à la Glucoserie, etc.

LABORATOIRE DE CHIMIE

74 - Rue Jean-Jacques-Rousseau - 74

PARIS   PRÈS LA BOURSE DU COMMERCE   PARIS

D. SIDERSKY

INGÉNIEUR-CHIMISTE

Auteur du « Traité d'Analyses des Matières sucrées » (Paris 1890)

Sucres, Mélasses, Glucoses, Engrais et Salins

3809

Floraison, assez abondante.

Couleur des fleurs, bleues.

Végétation, très active aussitôt la levée et très vigoureuse ensuite, arrivée à maturité vers le 25 octobre, indemne de la maladie du penospora infestans.

Arrachage, le 25 octobre.

Couleur des tubercules, bleue à peau fine et lisse.

Forme, allongée, yeux nombreux et peu profonds.

Rendement en poids à l'hectare, 53.846 kilos.

Fécule p. 0/0, 20.40.

Géante bleue d'importation

Poids des plantes employées à l'hectare, 629 kilos.

Levée. Du 26 mai au 2 juin à 96 p. 0/0.

Fanes. Très abondantes, de couleur vert foncé et d'une hauteur de 65 centimètres.

Feuilles. Vert foncé, légèrement frisées, d'une largeur de 45 $^m/_m$.

Floraison. Assez abondante.

Couleur des fleurs. Bleues.

Végétation. Moins active, au début, que celle de la géante bleue sélectionnée, maturité en retard de huit jours sur cette dernière ; dans les mêmes conditions que la sélectionnée pour le reste.

Arrachage. 26 octobre.

Couleur et forme des tubercules. Même caractère que la géante bleue sélectionnée mais les tubercules ont moins belle forme.

Rendement en poids à l'hectare. 48.628 kil.

Fécule p. 0/0 17.90.

Richter's Imperator sélectionnée à Cappelle

Poids des plantes à l'hectare, 1060 kilos.

Levée, du 26 au 2 juin à 96 p. 0/0.

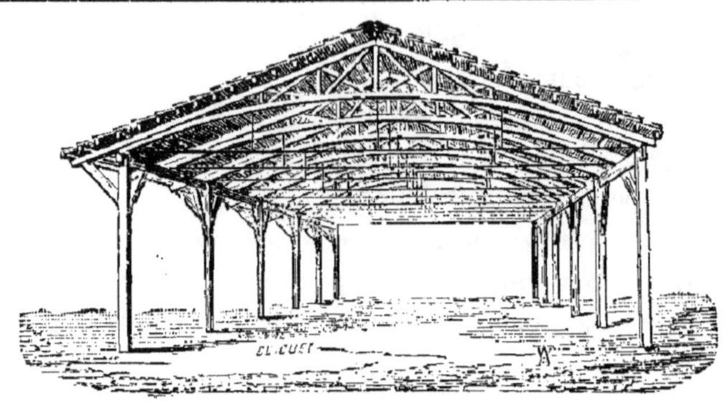

HANGARS, CHARPENTES ÉCONOMIQUES BOIS & FER

Système Breveté s. g. d. g.

POMBLA

SPÉCIALITÉ DE CONSTRUCTIONS AGRICOLES ET INDUSTRIELLES

Montage et démontage très faciles

A. POMBLA, Constructeur, 68, avenue de Saint-Ouen, **Paris**

3715

SACS NEUFS & D'OCCASION

Tissage Mécanique à Amiens

BLOCH & MEYER

24, rue de Château-Landon

à PARIS

Usine à SAINT-DENIS, 15, rue du Port

EMBRANCHEMENT PARTICULIER

BACHES — FILS — FICELLES

Spécialité de sacs à fécule, neufs et d'occasion

3920

Fanes, abondantes, grosses, d'un vert jaune de 65 centimètres de hauteur.

Feuilles, vert jaunâtre, plates, d'une largeur de 5 centimèt.

Floraison, assez abondante.

Couleur des fleurs, mauve pâle.

Végétation, très active ; dans les premiers jours d'octobre elle était encore en plein, lorsque les pluies de fin septembre amenèrent la maladie du penospora qui lui fit perdre toutes ses feuilles, les fanes conservèrent leur végétation jusqu'à l'arrachage, peu de tubercules atteint par la maladie.

Arrachage, le 28 octobre.

Couleur des tubercules, blanc.

Forme des tubercules, ronde, allongée, yeux peu abondants et assez profonds.

Rendement en poids à l'hectare, 50.225 kilos.

Fécule p. 0/0 18.30.

Richter's Imperator n'ayant pas été sélectionnées

Mêmes observations que pour la précédente ; les fanes et les feuilles sont un peu moins développées.

Arrachage, le 27 octobre.

Couleur des tubercules, blanc.

Forme des tubercules, moins régulière que la précédente, longues et rondes.

Rendement en poids à l'hectare, 44.738 kil.

Fécule p. 0/0 17.80.

INSTITUT DE BEAUVAIS

Poids des plantes employées à l'hectare, 780 kil.

Levée, du 26 mai au 4 juin.

Fanes, assez abondantes de couleur verte jaune, de 60 centimètres de hauteur.

Feuilles, vertes jaunâtres, plates, d'une largeur de 5 centim.

AGRAFES MÉTALLIQUES

Système A. LAGRELLE

POUR LA JONCTION DES COURROIES DE TRANSMISSION

Brevetés S. G. D G. en France et à l'Etranger

5 RECOMPENSES OBTENUES

Ces agrafes doivent leur succès :

1° A *leur pose facile et rapide ;*
2° A la *résistance* et à la *très longue durée des jonctions ;*
3° A l'avantage de pouvoir resservir indéfiniment et de s'appliquer aux courroies de toutes espèces *(cuir, coton, caoutchouc, crin,* etc.), quelles qu'en soient la largeur et l'épaisseur.

Des courroies ayant jusqu'à 1^m50 de largeur sont jonctionnées avec ces attaches.

Envoi de tarifs et attestations sur demande

NOUVEAU GRATTE-TUBE EXTENSIBLE

A LAMES AMOVIBLES POUR NETTOYAGE D'APPAREILS TUBULAIRES

Système LAGRELLE, b. s. g. d. g.

FABRICATION SPÉCIALE DE CLEFS DE SERRAGE

Brevetées S. G. D G. en France et à l'Etranger

A. LAGRELLE, à Louvres (S.-&-O)

FOURNISSEUR DE LA MARINE

'DÉPOSITAIRES : *A PARIS,* les principaux quincailliers.
A HAM (Somme), M. A. LEKIEFFRE.   3732

BÉLIER POMPE UNIVERSEL

Le seul pouvant élever à toutes hauteurs et faibles chûtes un liquide différent du liquide moteur.

SANS MELANGE POSSIBLE

NOMBREUSES APPLICATIONS ET RÉFÉRENCES

Propulseurs hydrauliques ou pompes sans limites.
Béliers hydrauliques, BÉLIERS pompes brevetées s. g. d. g.
Pompes à colonne d'eau (Système Durozoi).
Alimentation et distribution d'eau p^r propriétés privées, villes, etc.
Manèges, Auto-moteurs, Aérifers, etc.

COUVERTURES MÉTALLIQUES FLEXIBLES

Pour Tubes caoutchouc, Toile, Amiante ou autres Matières souples

A USAGE DES FREINS CONTINUS POUR CHEMINS DE FER

pour l'eau, le gaz, la vapeur, etc.

DUROZOI & CIE, Constructeurs-Mécaniciens

129-131, rue de Reuilly, Place Dauménil, PARIS   3926

Floraison, abondante.

Couleur des fleurs, blanche.

Végétation, active et vigoureuse, complètement arrêtée dans les premiers jours d'octobre, attaquée par la maladie du penospora au 25 septembre. Cette espèce est celle qui a donné le plus de tubercules malades malgré le petit nombre existant cette année.

Arrachage, le 8 octobre.

Couleur des tubercules, blanche, peau lisse, chair tendre, yeux veinés de rose, assez nombreux et profonds.

Forme, ronde ou oblongue.

Rendement en poids à l'hectare, 34,522 kilos.

Fécule p. 0/0, 17.20.

Aspasie.

Poids des plantes employées à l'hectare, 676 kilos.

Levée, du 26 mai au 6 juin à 85 0/0.

Fanes, assez abondantes, d'une hauteur de 70 centimètres et de couleur vert noir.

Feuilles, vert-jaunâtre de 45 m/m. de largeur.

Floraison, abondante.

Couleur des fleurs, mauve.

Végétation, très vigoureuse, elle n'était pas terminée à l'arrachage. Indemne de maladie et de tubercule gâté.

Arrachage, 4 novembre.

Couleur des tubercules, rosée, peau lisse, chair tendre, yeux abondants et assez profonds.

Forme des tubercules, ronde et allongée.

Rendement en poids à l'hectare, 30,758 kilos.

Fécule p. 0/0, 17.05.

Athéne.

Poids des plantes employées à l'hectare, 630 kilos.

Levée, du 26 mai au 6 juin.

Fanes, assez abondantes d'un vert jaune, de 63 centimètres

J. BUZIN

LILLE — 54, Rue Henri-Kolb — LILLE

Spécialité de **Courroies en cuir** inextensibles.
Croupons pour Courroies, — **Lanières.**
Courroies en coton et caoutchouc.
Caoutchouc pour applications industrielles.

LUBRIFILINE **Carrière** pour graissage de **dynamos, turbines,** et tout mécanisme délicat.
GRAISSE CONSISTANTE qualité supérieure.
GRAISSEUR CONTINU et automatique **Carrière** pour cylindres de machines à vapeur.
Huile spéciale pour cylindres.
Huiles pour tous les graissages.

BALAIS pour dynamos, système **Carrière.**

TUYAUX SPÉCIAUX pour irrigations des vinasses et des eaux de sucrerie. (Maison **Degoix,** Lille).

Lampes intensives à gaz (Société Franco-Belge d'Eclairage) pour intérieur d'usines.
Lampes Phares pour cours de **sucreries, distilleries et féculeries.**

3474

de hauteur.

Feuilles, vertes-jaunâtres, légèrement frisées d'une largeur de 45 m/m.

Floraison abondante.

Couleur des fleurs, bleue.

Végétation, a toujours été vigoureuse et il en existait encore à l'arrachage. Indemme de maladie, aucun tubercule gâté.

Arrachage, 3 novembre.

Couleur des tubercules, jaune blanche, peau lisse, chair assez dure, yeux peu abondants et peu prononcés.

Forme des tubercules, ronde allongée.

Rendement en poids à l'hectare, 28.578 kil.

Fécule p. 0/0, 16.90

Boursier.

Poids des plantes employées à l'hectare, 765 kilos.

Levée, du 24 au 30 mai, à 100 p. 0/0.

Fanes très abondantes, d'une hauteur de 70 centimètres, de couleur vert-jaune foncé.

Feuilles, vertes-jaunes foncées et un peu frisées d'une largeur de 35 m/m.

Floraison, peu abondante.

Couleur des fleurs, violet pâle.

Végétation, active mais arrêtée dans les premiers jours d'octobre. Quelques tubercules atteints par la maladie.

Arrachage, le 14 octobre.

Couleur des tubercules, jaune, peau presque lisse, chair tendre, yeux nombreux et profonds.

Forme des tubercules, allongée.

Rendement en poids à l'hectare, 28,534 kil.

Fécule p. 0/0, 18,37.

Red Mennett.

Poids des plantes employées à l'hectare, 536 kilos.

Levée, du 26 mai au 4 juin, à 100 p. 0/0.

Fanes, assez abondantes, d'un vert-jaune foncé et d'une hauteur de 72 centimètres.

F. GIESBERS

INGÉNIEUR-CONSEIL

141, Boulevard de Magenta, 141, PARIS

INSTALLATIONS COMPLÈTES & PARTIELLES

DE

DISTILLERIES, FÉCULERIES

Amidonneries, Glucoseries
Fabriques de Dextrine, Tapioca, etc , etc.

APPAREILS & PROCÉDES DE FABRICATION
PERFECTIONNÉS

donnant le maximum de rendement

CONCESSIONNAIRE DES BREVETS UHLAND

INSTRUMENTS

pour l'essai de la Pomme de terre et des Fécules

NOMBREUSES RÉFÉRENCES

2724

Feuilles, vertes jaunes foncées ayant 4 centimètres de largeur.

Floraison et couleur des fleurs, peu de fleurs d'une couleur mauve pâle.

Végétation. Assez vigoureuse mais complètement arrêtée dans les premiers jours d'octobre, quelques tubercules gâtés par la maladie.

Arrachage. Le 12 octobre.

Couleur des tubercules. Rose, peau légèrement rugueuse, chair tendre, yeux assez nombreux et assez prononcés.

Forme des tubercules. Ronde et grosse.

Rendement en poids à l'hectare, 25,057 kil.

Fécule p. 0/0 15,96.

Chardon

Poids des plantes employées à l'hectare. 640 kilos.

Levée. Du 26 mai au 4 juin.

Fanes. Peu abondantes, d'une hauteur de 70 centimètres et d'une couleur vert-jaune foncé.

Feuilles. Vertes-jaune légèrement foncées, d'une largeur de 35 m/m.

Floraison. Très abondante.

Couleur des fleurs. Mauve pâle.

Végétation. Active, arrêtée au 8 octobre, quelques tubercules atteints par la maladie.

Arrachage. 14 octobre.

Couleur des tubercules. Rose, peau à peu près lisse, chair tendre, yeux assez nombreux et assez profonds.

Forme des tubercules. Allongée.

Rendement en poids à l'hectare. 22.765 kil.

Fécule p. 0/0 19.

Meilleure.

Poids des plantes employées à l'hectare, 520 kilos.

Levée. Du 26 mai au 4 juin.

JULES JOLY

CONSTRUCTEUR

à SAINT-GHISLAIN (Belgique)

INSTALLATIONS COMPLÈTES

DE FÉCULERIES ET AMIDONNERIES

APPAREILS LES PLUS PERFECTIONNÉS

*produisant le maximum de rendement et supprimant
presque toute la main-d'œuvre*

MACHINES ET APPAREILS

pour toutes les industries

CHAUDRONNERIES EN FER ET EN CUIVRE

PONTS — GAZOMÈTRES — CHARPENTES EN FER

GALVANISATION

3296

Fanes. Assez abondantes d'une couleur verte-noire, d'une hauteur de 68 centimètres.

Feuilles. Légèrement frisées, vertes foncées, d'une largeur de 4 centimètres.

Floraison et couleur des fleurs. Peu de fleurs qui sont blanches.

Végétation. Excellente. Complète maturité dans les premiers jours d'octobre. Peu de tubercules atteints par la maladie.

Arrachage. 11 octobre.

Couleur des tubercules. Rouge. Peau un peu rugueuse, chair dure, yeux abondants et assez profonds.

Forme des tubercules. Ronde allongée.

Rendement en poids à l'hectare. 21.418 kil.

Fécule p. 0/0 18.30.

Simson.

Poids des plantes employées à l'hectare. 609 kilos.

Levée. Du 26 mai au 4 juin à 100 p. 0/0.

Fanes. Très abondantes mais fines, d'une hauteur de 50 centimètres et de couleur verte-jaune.

Feuilles. Petites, frisées, d'une largeur de 3 centimètres et de couleur verte-jaune.

Floraison. Peu de fleurs.

Couleur des fleurs. Mauve foncé.

Végétation. Active, vigoureuse, n'était pas arrêtée au 14 octobre. Pas de trace de maladie.

Arrachage. 14 octobre.

Couleur et forme des tubercules : couleur jaune gris, peau très rugueuse, chair très ferme, yeux peu nombreux et peu profonds, tubercules nombreux mais peu gros. Forme ronde.

Rendement en poids à l'hectare. 21.391 kil.

Fécule p. 0/0. 23.

Chancelier.

Poids des plantes employées à l'hectare. 582 kilos.

Levée. Du 26 mai au 4 juin à 100 p. 0/0.

ATELIERS DE CONSTRUCTIONS MÉCANIQUES

FONDERIES DE FER ET DE CUIVRE

GROSSE & MINCE CHAUDRONNERIE EN FER & EN CUIVRE

USINE — MEURA

PH. MEURA & L. JANSSENS

INGÉNIEURS — CONSTRUCTEURS

ANZIN (Nord) et — TOURNAI (Beigique)

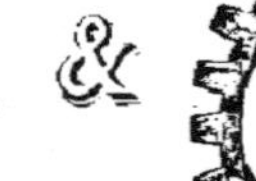

SPÉCIALITÉ
DE

MACHINES A VAPEUR ET GÉNÉRATEURS
de toutes forces

MONTAGE COMPLET D'USINES -- TRANSMISSIONS

3868 A

Fanes. Assez abondantes, d'un vert noirâtre et d'une hauteur de 60 centimètres.

Feuilles. Petites, un peu frisées, très vertes, d'une largeur de 3 centimètres.

Floraison. Fleurit bien.

Couleur des fleurs. Mauve.

Végétation. Bonne, arrivée à maturité les premiers jours d'octobre ; pas de maladie.

Arrachage. 12 octobre.

Couleur et forme des tubercules. Couleur gris rouge, peau très rugueuse, chair dure, yeux assez abondants et peu profonds, forme ronde.

Rendement en poids à l'hectare. 19.338 kil.

Fécule p. 0/0. 22.25.

Expériences diverses sur le développement et la composition de la pomme de terre

Ces expériences ont eut principalement pour but de rechercher l'influence de la potasse dans le développement de la plante. Elles ont été faites dans douze vases en grès imperméable munis d'un double fond percé de trous et d'une contenance de 25 litres environ. Les six premiers étaient remplis d'un sable siliceux bien blanc, les autres contenaient une terre arable ordinaire. 12 tubercules de la variété Richter's imperator ont été choisis sensiblement de même volume, de même aspect et de même poids et chaque vase a reçu le 8 avril l'un de ces tubercules. Leur poids moyen était de 120 grammes.

Le sable et la terre des douze vases avaient déjà servi l'année dernière pour des expériences faites sur le blé et dont les résultats ont été publiés dans les *Annales agronomiques* et dans le *Bulletin de la Station*. Les résultats obtenus cette année, en opérant sur la pomme de terre, ont présenté peu d'intérêt avec la terre arable ordinaire, mais

Le **Distributeur d'Engrais MAGNIER** ; unique dans son genre, peut répandre uniformément, sur toute la surface du sol, sans aucun changement de vitesse, et sans entraver la marche du cheval, de **100 à 2,000 kilos** à l'hectare, les engrais, tels que Matières fécales, Déchets d'abattoirs, Scories de fonderies, Guanos, Nitrates, Sels, Sulfates d'ammoniaque, Superphosphates, etc. La vanne se règle instantanément, pour la quantité à répandre à l'hectare.

Son peu de hauteur permet de verser facilement les engrais dans la caisse et de semer près de terre. Il est construit de telle sorte que, l'épandage est toujours uniforme, et le cheval peut reculer, même pendant la marche, sans débrayer, sans que l'engrais tombe à terre, il a certains avantages que tous ceux connus jusqu'à ce jour n'ont pu obtenir. Un poney et un seul homme suffisent pour la conduite.

3898

On trouve au Bureau du Journal

"LA POMME DE TERRE INDUSTRIELLE"

à ANZIN (Nord)

LES ADRESSES-ÉTIQUETTES

POINTILLÉES & GOMMÉES

1° De tous les **Féculiers de France,** 300 adresses environ, franco par poste.................... **3 00**

2° De tous les **Glucosiers de France** et de l'Etranger, franco par poste................. **1 00**

3° De tous les **Distillateurs agricoles** et industriels de France, 450 adresses environ, franco par poste.................................... **4 50**

Ces collections toujours mises à jour sont très commodes pour l'expédition rapide et économique des prospectus, catalogues et échantillons.

avec le sable les différences ont été très accentuées et ont pu conduire à quelques conclusions assez précises. Nous exposerons donc d'abord les expériences faites dans le sable.

Les six vases employés ont été désignés par les lettres A, B, C, *a*, *b*, *c*, les trois premiers ayant reçu l'azote à l'état de sulfate d'ammoniaque, les trois autres à l'état de nitrates. Il avait été introduit dans chacun, l'année dernière, avant de semer le blé, 200 grammes de sulfate de chaux et par arrosages, dans le cours de la végétation, 2 grammes d'azote, à l'état ammoniacal sur A, B, C, à l'état de nitrate de soude sur *a*, *b*, *c*; plus 2 grammes d'acide phosphorique à l'état de superphosphate dans chacun des six vases, 2 grammes de potasse à l'état de cholure sur B, C, *b*, *c* et enfin 2 grammes de magnésie à l'état de sulfate sur B et *b*. La magnésie n'avait produit aucun effet sensible et nous pensons qu'il n'y a pas lieu d'en tenir compte.

Cette année les engrais n'ont encore été employés que par arrosages, au moyen de liqueurs titrées. Chaque arrosage introduisait un décigramme d'azote à l'état de sulfate d'ammoniaque sur A, sur B et sur C et 1 décigramme d'azote à l'état de nitrate de chaux sur *a*, à l'état de nitrate de potasse sur *b*, à l'état de nitrate de soude sur *c*. En même temps A, B et C recevaient des proportions équivalentes de chaux, de potasse et de soude, à l'état de chlorures et tous 1 décigramme d'acide phosphorique à l'état de superphosphate.

27 arrosages ont été effectués du 7 avril au 2 juillet. Il a donc été introduit dans chacun des vases contenant environ 25 kilos de sable :

En A, 2 gr. 7 d'acide phosphorique, 2 gr. 7 d'azote ammoniacal et 5 gr. 40 de chaux à l'état de chlorure.

En B, 2 gr. 7 d'acide phosphorique, 2 gr. 7 d'azote ammoniacal et 9 gr. 06 de potasse à l'état de chlorure.

En C, 2 gr. 7 d'acide phosphorique, 2 gr. 7 d'azote ammoniacal et 5 gr. 98 de soude à l'état de chlorure.

MANUFACTURE
D'ARTICLES ET USTENSILES DE MÉNAGE
en fer battu, étamé, émaillé, galvanisé

Emaillerie

Nationale

PH. MEURA &

L. JANSSENS

ANZIN

(Nord)

ARTICLES DE QUINCAILLERIE-TOLERIE

Emboutis, estampés ou repoussés, bruts, galvanisés, émaillés ou étamés

PIÈCES SPÉCIALES - EMBOUTISSAGE A FAÇON   3868 B

Sur *a*, 2 gr. 7 d'acide phosphorique, 2 gr. 7 d'azote et 5 gr. 40 de chaux à l'état de nitrate.

Sur *b*, 2 gr. 7 d'acide phosphorique, 2 gr. 7 d'azote et 9 gr. 06 de potasse à l'état de nitrate.

Sur *c*, 2 gr. 7 d'acide phosphorique, 2 gr. 7 d'azote et 5 gr. 98 de soude à l'état de nitrate.

Le sable ayant été exposé à la pluie pendant tout le cours de l'hiver précédent, depuis la récolte du blé jusqu'à la plantation des pommes de terre, il ne devait plus rester que des traces négligeables de la potasse qui avait été introduite l'année précédente et on pouvait par conséquent considérer C et *c* comme étant à peu près dépourvus de cette base.

Le 27 mai, les six plantes étaient bien venues et déjà largement développées, mais celles qui avaient reçu de la potasse présentaient déjà une supériorité marquée sur les autres.

Le 13 juin, le rapport moyen entre les plantes à potasse et les autres était à peu près de 5 à 3. En outre les feuilles de A et de C à azote ammoniacal commençaient à jaunir et à se recoquiller. Les plantes au nitrate se comportaient mieux.

Le 4 juillet, le dessèchement des feuilles de A et de C s'était sensiblement accru, les plantes à azote nitrique présentaient un meilleur aspect et celles qui avaient reçu de la potasse conservaient une supériorité notable sur les autres.

Le dessèchement des feuilles de A et de C qui commençait à atteindre aussi *a* et *c* ne paraissait pas devoir être attribué à une maladie cryptogamique, ce qui fut d'ailleurs confirmé au laboratoire de physiologie végétale de l'Institut agronomique par M. Delacroix qui eut l'obligeance d'examiner quelques-unes de ces feuilles sur la demande de mon collègue M. Maréchal, professeur départemental d'agriculture. L'absence de la potasse paraissait donc être la principale cause de cet affaiblissement de la plante.

L'année dernière, les expériences faites sur le blé, dans les mêmes milieux avaient donné une supériorité marquée aux plantes venues dans le sable sur leurs voisines venues dans la terre arable ordinaire. Le contraire avait lieu cette année

SOCIÉTE ANONYME DES HAUTS-FOURNEAUX ET FONDERIES
de PONT-A-MOUSSON

Administrateur-Directeur : M. X. ROGÉ, O ✳

SPÉCIALITÉ POUR LA FABRICATION
DES

TUYAUX EN FONTE

*Pour conduites d'eau, de gaz, d'air comprimé,
de jus de betteraves, transporteurs hydrauliques, etc.*

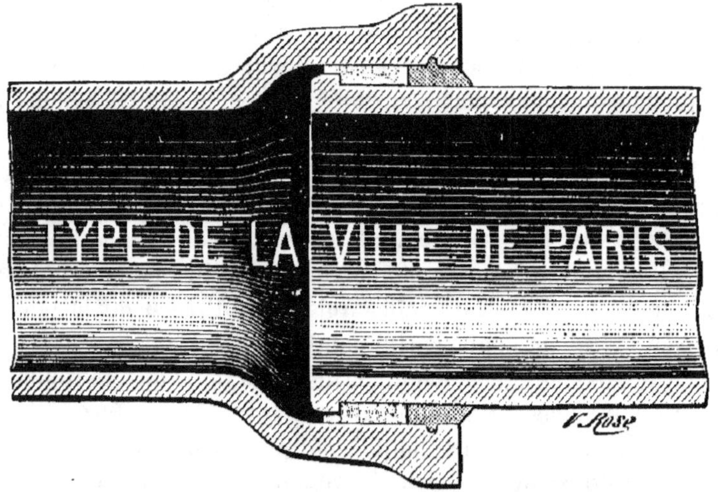

FABRICATION JOURNALIÈRE 6000 MÈTRES
de Tuyaux de 0 m. 010 à 1 m. 800 de diamètre intérieur

STOCK PERMANENT
150 à 200,000 mètres courants de tuyaux assortis et 30,000 raccords permettant
la livraison immédiate

**Adresser les lettres à M. l'Administrateur de la Société des Hauts-
Fourneaux et Fonderies de Pont-à-Mousson**

Adresse télégraphique : FONDERIES PONT-A-MOUSSON

Envoi franco des Catalogues sur demande 3808

pour la pomme de terre, les plantes venues dans la terre, qui
s'étaient d'abord développées plus lentement que les autres,
leur étaient devenues, le 4 juillet, sensiblement supérieures.
Cette différence parait devoir être surtout attribuable à l'humus
qui était assez abondant dans la terre et qui faisait complètement défaut dans le sable. Le rôle de l'humus dans l'alimentation des plantes serait alors plus important pour la pomme
de terre que pour le blé.

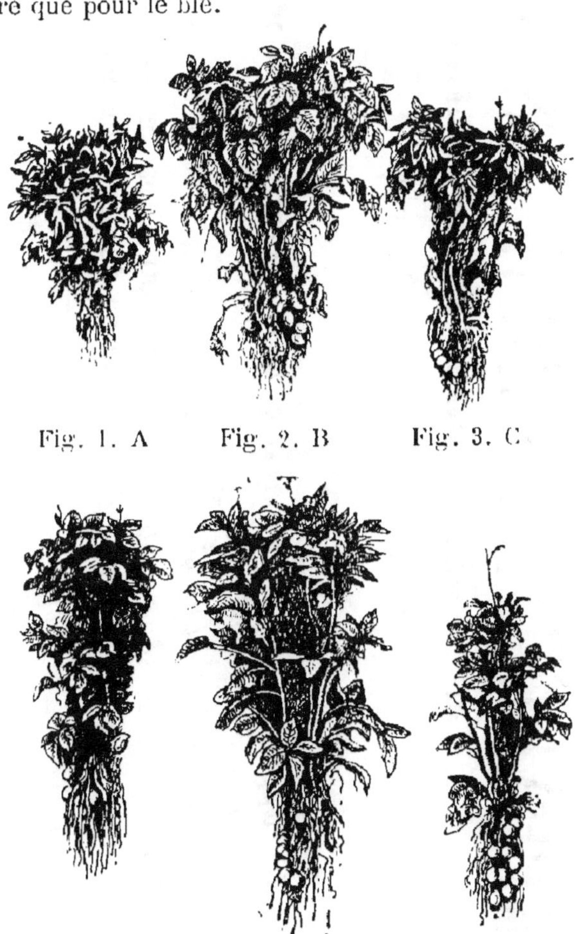

NOUVEL

APPAREIL A SÉCHER LES RÉSIDUS

de Féculeries, Distilleries et Brasseries

Système OTTO Breveté

Cet appareil est le plus simple, le plus simple, le plus **pratique** *et le* **moins coûteux** *de tous les appareils existants.*

Il occupe très peu de place et fonctionne avec la décharge d'une machine.

Une machine séchant la drêche de **5000 kilos en vingt-quatre heures** *fonctionne avec la décharge d'une* **machine de dix chevaux.**

POUR TOUS RENSEIGNEMENTS S'ADRESSER

à l'USINE MEURA, à Anzin (Nord)

3868 c

Le 4 juillet, les tiges paraissant avoir atteint le maximum de leur développement, les plantes furent arrachées. Notre but, en effet, était surtout de rechercher la composition minérale de la partie aérienne. Or une plus longue attente aurait laissé s'accroître la dessiccation des feuilles et les résultats n'auraient plus été comparables. Les figures 1.2.3.4.5.6. représentent, d'après les photographies prises à la Station, le groupe des trois plantes A, B, C à azote ammoniacal et le groupe des trois plantes *a*, *b*, *c* à azote nitrique, A et *a* avec chaux, B et *b* avec potasse, C et *c* avec soude.

Le volume des tubercules, au moment de l'arrachage, variait de la grosseur d'un pois à celle d'une forte noix. Voici le résultat des déterminations faites sur ces tubercules et sur l'ensemble des parties aériennes.

	AVEC AZOTE AMMONIACAL			AVEC AZOTE NITRIQUE		
	et chaux A	et potasse B	et soude C	et chaux *a*	et potasse *b*	et soude *c*
Partie aérienne. Poids......	215 gr.	390	239	252	417	145
Tubercules. Nombre	5	16	15	14	23	10
Tubercules. Poids total.....	60 gr.	314	51	136	272	223
Fécule pour 100	11.45	11 05	11.15	11.35	11.05	13.05

L'influence de la potasse est donc manifeste. On voit en effet, en prenant les moyennes, que la présence de cette base a presque doublé la partie aérienne et presque triplé le poids des tubercules. La forme de l'azote a une influence moins marquée; cependant l'azote nitrique accroît encore le poids des tubercules dans le rapport de 2 à 3.

Nous avons recherché ensuite ce que deviennent dans la plante les bases: chaux, potasse et soude introduites dans le sable à l'état des chlorures ou à l'état des nitrates. La partie aérienne a été coupée au hache-paille, incomplètement séchée,

Expertises, Etudes, Représentation Commerciale

A. BONTEMPS

INGÉNIEUR-CIVIL

à SAINT-QUENTIN (Aisne)

Les Procédés d'Evaporation pr Ruissellement

du système A. BONTEMPS

Breveté S. G. D. G.

Ont obtenu la **MEDAILLE D'OR** à l'Exposition Internationale de l'Alcool

(Paris 1892)

Les avantages offerts sont les suivants :

1° Suppression des entrainements de liquides par les vapeurs de vaporisation.

2° Augmentation comparative de 60 pour 100 sur la puissance d'évaporation des anciens appareils.

3° Utilisation complète et rationelle des vapeurs de chauffe

4° Conservation de la pureté des jus résultant de l'accélération du travail.

FILTRES A SACS

Système **Bontemps & Rousseau**

les seuls perfectionnés pour obtenir la vidange des liquides filtrés contenus dans les sacs

Pompes à vapeur Double BURTON

AGENCE GÉNÉRALE pour la vente

Ces pompes sont applicables à tous les liquides et à tous usages

3764

broyée et conservée en flacons bien bouchés. On en a prélevé 5 gr. pour déterminer l'eau restant encore et pour obtenir ensuite les cendres. Enfin, dans la dissolution aqueuse de ces cendres, on a dosé l'alcalinité, le chlore, la chaux et la potasse· Une autre portion calcinée de même a été traitée par l'acide azotique et on y a dosé la chaux totale et l'acide phosphorique. L'azote de la matière sèche a aussi été déterminé par les procédés ordinaires. Voici les résultats obtenus.

	AVEC AZOTE AMMONIACAL			AVEC AZOTE NITRIQUE		
	et Cacl A	et Kcl B	et Nacl C	et CaO a	et KO b	et NaO c
Eau pour 100...	88.54	90.94	89.38	87.30	88.21	86.16
Matière sèche..............	11.47	9.06	10.62	12.70	11.79	13.86
100 de matière sèche ont donné :						
Chlore exprimé en kcl......	3.92	11.04	3.51	1.32	1.56	1.75
Alcalinité en ko, co²	0.11	0.30	0.05	0.29	8.85	2.52
Potasse correspondant à ces sels	2.55	7.16	2.25	1.01	7.03	2.83
Potasse trouvée directement	2.55	7.10	2.22	0.94	6.98	0.97
Chaux à l'état soluble.......	0.21	0.42	0.19	0.13	0.11	0.11
Acide phosphorique........	2.24	1.31	2.08	1.04	0.59	0.90
Chaux totale...............	3.62	1.98	2.85	5.93	2.92	4.09
Azote.................	5.83	3.01	5.38	3.73	2.72	3.65
Potasse totale (tiges et feuilles).	0.61	2.51	0.56	0 30	3.43	0.19

Ces résultats conduisent aux observations suivantes :

Le chlore se retrouve abondamment dans les cendres des plantes de A, de B et de C qui ont reçu de l'azote ammoniacal et des chlorures ; l'alcalinité de leurs cendres est au contraire à peu près nulle et les acides n'y produisent aucune effervescence sensible. Dans les plantes de a, de b et de c, au contraire, qui n'ont pas reçu de chlorures et ou l'azote a été introduit à

SOCIÉTÉ ANONYME

DES

BRIQUES ET PIERRES BLANCHES

EN LAITIERS AGGLOMÉRÉS

des Hauts-Fourneaux de DENAIN (Nord)

Anciens Etablissements NOTHOMB et Cie

Capital : 440,000 francs

Fournisseurs des Féculeries, Sucreries et Distilleries

CANIVEAUX & TUYAUX

POUR

Transporteurs hydrauliques de Betteraves
et de Pommes de Terre

DERNIÈRES APPLICATIONS

**Artres, Sin-le-Noble, Bauvin. Masny, La Neuville-Roy,
Brebières, Quesnain, Onnaing**

Fosses à cossettes des Batteries de diffusion

DALLAGES MONOLITHES

exécutés à pied d'œuvre pour Chantiers des Filtres-Presses, Greniers à sucre, etc.

Tuyaux de Drainage. — Dés de colonnes

CUVE DE GAZOMÈTRE EN MONOLITHE   3648

l'état nitrique, on ne trouve plus que des traces de chlore, toutes trois donnent une vive effervescence par les acides, et l'alcalinité de la dissolution aqueuse devient très élevée, mais seulement dans les deux dernières qui ont reçu l'azote à l'état de nitrate de potasse et de nitrate de soude. Pour la plante de a qui a reçu l'azote à l'état de nitrate de chaux, les carbonates ne sont plus dans les cendres à l'état de carbonate alcalins mais bien à l'état de carbonate de chaux. L'azote paraît donc avoir été absorbé par la plante en conservant la forme sous laquelle il a été introduit dans le sable et il semble se comporter d'une manière fort différente selon qu'il pénètre à l'état ammoniacal ou à l'état nitrique. L'abondance des carbonates alcalins dans les cendres obtenues sur b et sur c indique en effet l'existence dans la plante d'une quantité notable de nitrates ou d'organates de potasse ou de soude qui font défaut dans les quatre autres. Sur a ces carbonates sont à l'état insoluble, ce qui indique l'absorption directe du nitrate de chaux.

Le chlore, qu'il ait été introduit à l'état de chlorure de calcium, de potassium ou de sodium, n'a pénétré dans la plante qu'à l'état de chlorure de potassium. La potasse totale déterminée directement, est en effet sensiblement la même que celle qui correspond tout à la fois au chlore et à l'alcalinité. On comprend donc que le chlore soit beaucoup plus abondant dans les plantes qui ont reçu du chlorure de potassium et beaucoup moins dans celles qui n'avaient à leur disposition, pour opérer l'échange nécessaire à leur absorption, que des traces de potasse dont l'existence n'a même pu être révélée par l'analyse du sable de A. La plante possède donc pour la potasse une faculté d'absorption qui lui permet de la saisir dans un milieu où elle existe à peine, en déterminant son union avec le chlore.

Il est difficile d'admettre que la potasse introduite à l'état de chlorure et se maintenant sous cette forme dans la plante, ait pu concourir à la formation de ses tissus. Cependant la supériorité de la plante venue sur B est notable. Il faut donc

MACHINES A VAPEUR **WILLANS**

Brevetées s. g. d. g.

A DISTRIBUTION CENTRALE

60,000

CHEVAUX

EN SERVICE

45 STATIONS

CENTRALES

MODÈLES DE

$3\frac{1}{2}$ à

900 CHEVAUX

« La consommation de vapeur par cheval indiqué est **moindre** dans ces machines que dans tout autre moteur d'un type quelconque et la force absorbée par la friction est exceptionnellement faible. »

(Voir le Journal " La Bette-rave " du 9 Avril 1892.)

CONSTRUCTION

INTERCHANGEABLE

Agent Général : **A.-H. CROIZIER**, 3, Rue Halévy, 3, PARIS

3921

admettre que le chlorure de potassium peut agir favorablement par sa seule présence.

Dans la plante qui a reçu du nitrate de chaux, on n'a trouvé qu'une très faible quantité de potasse, mais le poids de cette base obtenu directement est encore à peu près égal à celui que l'on a déduit du chlore et de l'alcalinité exprimés tous deux en sels de potasse. Dans la plante qui a reçu du nitrate de potasse, la quantité de potasse atteint environ 7 pour 100 de la matière sèche, et le poids trouvé directement ne diffère encore que d'une quantité négligeable de celui qui est déduit par le calcul du chlore et de l'alcalinité. Enfin la plante de c présente à cet égard une exception fort importante. La proportion de potasse déduite du chlore et de l'alcalinité serait de 2,83, or le dosage direct de cette base ne donne plus que 0,97 nombre qui correspond seulement au chlore. Le chlore a donc dû, dans ce dernier cas, pénétrer encore à l'état de chlorure de potassium, mais l'azote a dû s'introduire à l'état de nitrate de soude, de même que dans la plante de a il s'était introduit à l'état de nitrate de chaux.

Dans un mémoire présenté en 1878 à l'Académie nous avions déjà signalé, pour la pomme de terre, cette facile absorption du chlore à l'état de chlorure de potassium et son exclusion à l'état de chlorure de sodium et nous avions cru pouvoir en conclure l'exclusion de la soude elle-même, comme Péligot l'avait fait pour d'autres plantes. Il faudrait admettre, d'après ces nouvelles recherches, que la soude peut être acceptée par la pomme de terre, à l'état de nitrate, au moins dans un milieu où il n'existe que des traces de potasse. Cependant, d'après les résultats que nous venons de citer plus haut, l'absorption du nitrate de potasse resterait toujours plus facile et plus efficace que celle du nitrate de soude.

Quelques essais ont été également effectués sur les cendres des tubercules. Voici les résultats obtenus :

GANDILLON

INGÉNIEUR-CONSTRUCTEUR (A. & M.)
à SENLIS (Oise)

POMPES A BOULETS ET A PLONGEURS
pour eaux sales, matières de vidange, etc.

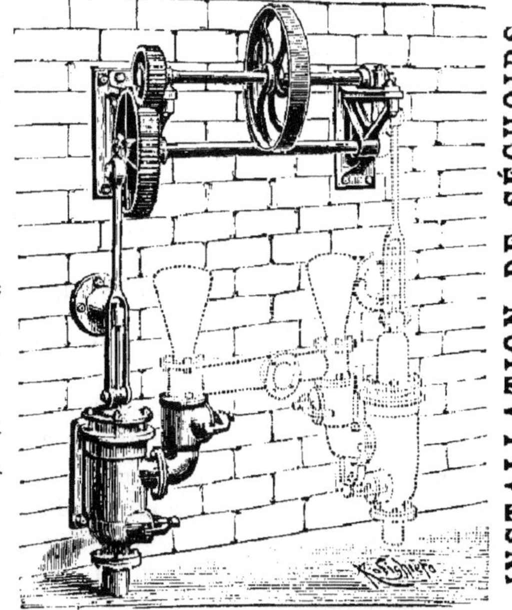

NOUVELLE HELICE TRANSPORTEUSE
pour Matières en pâte ou en morceaux
remplaçant avantageusement les vis

INSTALLATION DE SÉCHOIRS
à ventilation
pour Amidonneries et pour Féculeries

Chaudières à vapeur.	Turbines hydrauliques p^r toutes chûtes
Machines à vapeur.	Roues hydrauliques.
Pompes à chapelet.	Manèges à chevaux.
Ventilateurs.	Robinets-Vannes.
Robinets à grand débit et Tubulures à ouverture instantanée.	Joints à rotule à articulation universelle des conduites d'eau.

TURBINE-DYNAMO A SERVO-MODÉRATEUR

Système **Gandillon** et **Vigreux**, breveté s. g. d. g.

Prospectus et nombreuses références sur demande 3320

	AVEC AZOTE AMMONIACAL			AVEC AZOTE NITRIQUE		
	et Calcl A	et Kcl B	et Nacl C	et CaO a	et KO b	et NaO c
Eau pour 100...............	81.50	79.34	80.94	81.33	81.51	80.26
Matière sèche..............	18.50	20.66	19.06	18.67	18.49	19.74
100 de matière sèche ont donné :						
Chlore exprimé en Kcl.....	1.38	2.08	1.44	0.39	0.53	0.40
Alcalinité en Ko,co²........	0.72	0.77	0.88	0.88	3.31	1 65
Potasse correspondant à ces sels..	1.36	1.84	1 51	0.83	2.59	1.38
Potasse trouvée directement	2.06	2.14	1·83	1.83	3.66	1.79

La proportion de chlore est ici beaucoup moins élevée que
dans la partie aérienne, mais elle varie encore à peu près de
la même manière ; ainsi elle est maxima dans la plante qui
a reçu du chlorure de potassium, presque nul dans celles
qui n'ont pas reçu de chlorures. L'alcalinité varie également
en sens contraire des chlorures en atteignant son maximum
dans la plante de b qui a reçu du nitrate de potasse. Mais ici
la potasse trouvée est partout sensiblement supérieure à celle
qui est déduite par le calcul, du chlore et de l'alcalinité. Cet
excès de potasse peut s'expliquer par la présence d'une
quantité sensible d'acide sulfurique et d'une quantité assez
notable d'acide phosphorique qui n'ont pas été dosées mais
seulement constatées dans la dissolution aqueuse.

Nous avons aussi recherché ce qu'étaient devenus les
tubercules qui avaient donné naissance à la plante. Les six
tubercules plantés dans le sable avaient encore conservé le
4 juillet leur aspect primitif, leur dureté et ils ne présentaient
aucune trace d'altération. Le poids moyen était de 120 gr. à
la plantation et malgré la perte de fécule il s'est trouvé un peu
plus fort à la récolte. L'analyse qui en a été faite n'a pas été

POMPES SANS CLAPETS

à pistons à courant continu

Brevet BAILLET & AUDEMAR

remplaçant avec avantages les pompes rotatives centrifuges, etc.

Applications spéciales pour Féculeries, Amidonneries, Distilleries, etc.

PROSPECTUS FRANCO

MÉDAILLES ARGENT
Paris 1878 et 1859

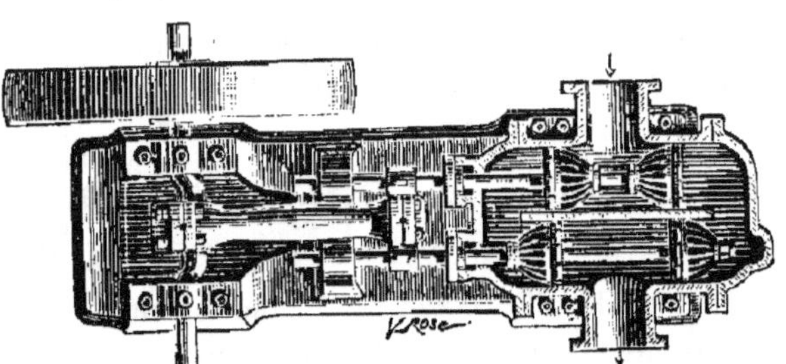

POMPES

pour Incendies

Epuisements, Arrosages, etc.

Systèmes à visite instantanée

POMPES POUR PUITS DE TOUTES PROFONDEURS

Pompes à chapelets. Puits instantanés

POMPES A PISTONS PLONGEURS

NOUVELLES POMPES A BOULETS

pour Féculeries, Amidonneries, Distilleries, etc.

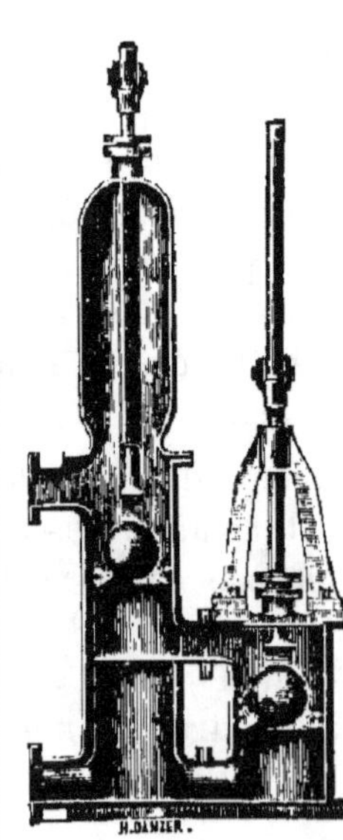

AUDEMAR-GUYON

à DOLE (Jura)

Album franco sur demande 3799

assez complète pour expliquer ce résultat. La fécule déterminée sur des tubercules semblables avait été au moment de la plantation de 19,2 pour 100. On a obtenu à la récolte pour les six tubercules plantés :

	A	B	C	a	b	c
Eau pour 100 ...	96.66	91.24	96.96	93.06	91.00	95.50
Fécule..........	0.45	1.75	0.05	1.15	3.45	0.15
Divers..........	2.89	7.01	2.99	5.79	5.55	4.35

Les six pots contenant de la terre avaient reçu en une seule fois avant la plantation les mêmes engrais que leurs voisins remplis de sable : 2 grammes d'azote, à l'état de sulfate d'ammoniaque dans les trois premiers, à l'état de nitrate de chaux, de potasse et de soude dans les trois suivants, plus dans les premiers des quantités équivalentes de chaux, de potasse et de soude à l'état de chlorures, plus enfin dans chacun 2 grammes d'acide phosphorique à l'état de superphosphate. La terre employée étant déjà assez riche, l'addition de ces engrais n'a produit aucun effet bien sensible. Les six plantes ont conservé la même apparence pendant toute la durée de la végétation et on a obtenu les résultats suivants à la récolte faite le 22 septembre, pour le poids des tubercules :

	1	2	3	4	5	6
	726gr	669	706	665	825	659

Le seul chiffre à signaler est le cinquième qui correspond au nitrate de potasse et qui est notablement supérieur aux autres. Il confirme donc les résultats obtenus plus haut relativement à l'efficacité de ce sel. Nous nous sommes borné à la détermination du poids des tubercules, car la partie aérienne était à peu près desséchée au moment de la récolte ; il aurait été sans intérêt d'en faire l'analyse et surtout impossible d'en tirer des résultats comparables.

Cette dernière expérience montre surtout combien peuvent être douteuses les conclusions déduites d'essais effectués sur

NICOU & DEMARIGNY

62, Boulevard de la Gare, à PARIS

Médaille d'Argent. — Exposition Universelle de Paris 1889
Lille. — Médaille et Mention honorable

CHEMINÉES EN BRIQUES

FOURNEAUX DE CHAUDIÈRES A VAPEUR
DE TOUS SYSTÈMES

MASSIFS DE MACHINES

Touralles — Étuves — Séchoirs

Fours de tous systèmes pour Industrie quelconque

3493

En vente au Bureau du Journal
" La Pomme de Terre Industrielle "
22, rue de la Liberté, à ANZIN (Nord)

Recherches sur la Culture de la Pomme de Terre
INDUSTRIELLE ET FOURRAGÈRE
par Aimé GIRARD

Grand in-8° de 216 pages avec figure et atlas in-4°, cartonné,
contenant 6 belles planches en héliogravure.
PRIX **8 fr.** — PORT **0.60**

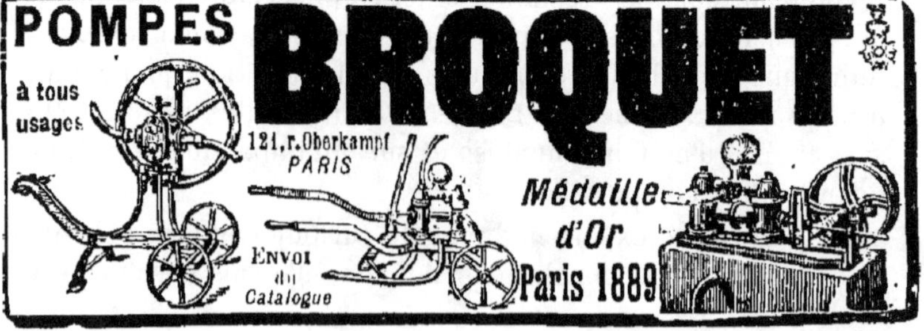

3870

des terres riches lorsqu'il s'agit de rechercher le rôle des différents éléments de l'engrais complet sur une plante donnée. Les influences cherchées qui se manifestent généralement par des différences bien accentuées dans un milieu stérile, s'effacent au contraire le plus souvent, dans un milieu bien pourvu, derrière une foule de circonstances accidentelles dont on ne se rend pas compte et qui peuvent égarer complètement les conclusions à déduire.

Plusieurs expériences nous avaient déjà permis de constater l'influence de la lumière sur le développement des tubercules de la pomme de terre; nous les avons renouvelées cette année, de la manière suivante, afin d'opérer dans des conditions bien déterminées sans trop nous écarter de celles d'une culture ordinaire. Les pots employés dans les expériences précédentes ont été remplacés par des lames de zinc de 30 centimètres de hauteur, formant un cube sans fond de 4 décimètres de côté et enfouis en terre jusqu'au niveau du sol. Six espaces ainsi limités sur leur contour et n'ayant de commun que le sous-sol, ont été remplis d'une bonne terre arable rendue parfaitement homogène. Chacun a reçu avant la plantation 10 grammes de superphosphate, ce qui, pour la surface de 16 décimètres carrés, correspondait à 625 kilos à l'hectare. Les N°s 1, 3 et 5 ont en outre reçu par trois arrosages, dans le cours de la végétation, 1 gr 8 d'azote à l'état de nitrate de potasse, et les N°s 2, 4 et 6, 1 gr 8 d'azote à l'état de sulfate d'ammoniaque.

Six tubercules de même nature, de même aspect et pesant environ 75 grammes ont été plantés le 9 avril dans ces six carrés et le 24 mai les six plantes étant également bien levées, on a recouvert d'un châssis en verres noircis les N°s 1 et 2, et d'un châssis en verre ordinaire les N°s 3 et 4; les N°s 5 et 6 étant laissés à l'air libre. Les châssis étaient maintenus à quelques décimètres au-dessus de terre de manière à laisser circuler l'air autour de la plante, et des arrosages convenables remplaçaient l'eau de pluie que recevaient seuls les deux carrés non recouverts.

TOILES MÉTALLIQUES

A. ROSWAG fils et gendre

PARIS -- 218, Rue St-Denis -- PARIS

3980

On trouve au Bureau du Journal

"LA POMME DE TERRE INDUSTRIELLE"

à ANZIN (Nord)

LES ADRESSES-ÉTIQUETTES

POINTILLÉES & GOMMÉES

1° De tous les **Féculiers de France,** 300 adresses environ, franco par poste.................... **3 00**

2° De tous les **Glucosiers de France** et de l'Etranger, franco par poste................ **1 00**

3° De tous les **Distillateurs agricoles** et industriels de France, 450 adresses environ, franco par poste.................................... **4 50**

Ces collections toujours mises à jour sont très commodes pour l'expédition rapide et économique des prospectus, catalogues et échantillons.

IMMENSE CHOIX

POMMES DE TERRE

de Semence, Nourriture et Industrie

G. DELANNEY

Les Willows, par Andelys (Eure)

3972

La récolte faite le 11 octobre a donné les résultats suivants :

	CLOCHE NOIRE		CLOCHE TRANSPARENTE		AIR LIBRE	
	1	2	3	4	5	6
	Nitrate de potasse	Sulfate d'ammo-niaque	Nitrate de potasse	Sulfate d'ammo-niaque	Nitrate de potasse	Sulfate d'ammo-niaque
Nombre des tubercules.....	13	9	15	19	40	51
Leur poids total	263 gr.	169	1234	956	2240	2410
Fécule pour 100	11.7	11.7	13.8	11.5	14.4	15.0
Fécule élaborée par la plante	31 gr.	20	170	110	223	361

La supériorité considérable des deux plantes laissées à l'air libre tient à ce que la partie aérienne, qui a pris partout cette année un développement énorme, s'est trouvée génée sous les deux châssis vitrés, mais les quatre plantes 1, 2, 3, 4 ayant été maintenues dans les mêmes conditions, la différence qui existe entre le rendement des deux premières et celui des deux suivantes, ne peut être attribuée qu'à l'influence de la lumière. Cette différence est d'ailleurs énorme : les deux premières plantes ensemble n'ont produit en effet que 51 grammes de fécule, tandis que les deux autres en ont élaboré 280, c'est-à-dire plus de cinq fois davantage. Il est à noter aussi que les plantes qui ont reçu du sulfate d'ammoniaque présentent sous cloches, une infériorité marquée sur celles qui ont reçu du nitrate de potasse, tandis que cette infériorité n'existe plus pour les plantes laissées à l'air libre.

Cette influence de la lumière que démontrent si manifestement les résultats ci-dessus, pourrait expliquer, au moins en partie, les rendements exceptionnels obtenus partout cette année avec la pomme de terre. La somme des heures de soleil pendant les mois de mai, juin, juillet, août et septembre, a été en effet cette année, à Arras, de 1,042, tandis que cette

POMPES CENTRIFUGES L. DUMONT

PARIS, 55, rue Sedaine - 100, rue d'Isly LILLE

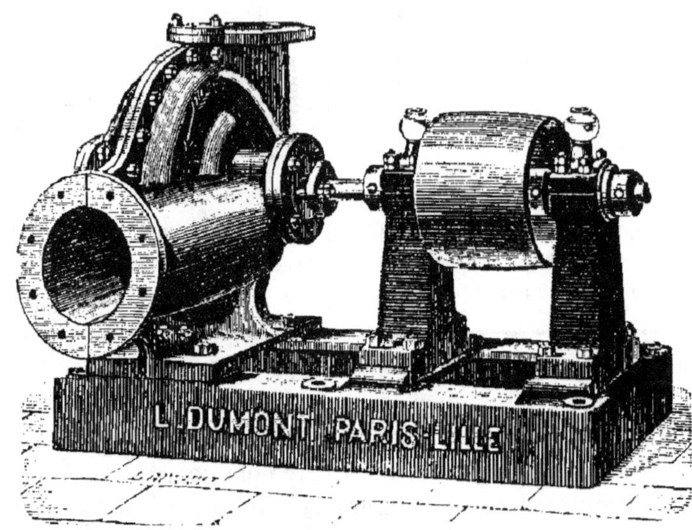

POMPE DE TYPE ORDINAIRE

8000 Applications

Catalogue franco

POMPE SPÉCIALE

pour liquides pateux ou tenant en suspension des matières etrangères

3502

somme, pour chacune des huit années précédentes, n'a varié qu'entre les limites de 814 et de 984, en donnant une moyenne générale de 914. La durée de l'insolation, cette année, a donc été supérieure de 14 pour 100 à la durée moyenne des huit années qui précèdent et de 6 pour 100 à celle de l'année la plus éclairée.

Afin d'avoir des termes de comparaison, nous avons aussi cultivé quelques plantes en terre libre. L'une d'elles a été arrachée le 7 septembre, la tige et les feuilles étant encore bien vertes. On n'a pas attendu la complète maturité de la plante afin de pouvoir porter l'analyse sur la partie aérienne encore à peu près intacte. L'examen de cette plante nous a d'ailleurs paru présenter un intérêt particulier à cause de la vigueur exceptionnelle de sa végétation. Les tiges avaient en effet une longueur moyenne de 1ᵐ80. Voici les résultats obtenus :

Poids de la partie aérienne		4.250 gr.
Poids des racines		102
Poids des tubercules : 10 gros	1.112	
10 moyens	318	1.519
20 petits	89	
Poids total de la plante		5.871

Partie aérienne :

Matière sèche, pour 100	12.85
Eau, pour 100	87.15
Densité du jus obtenu par pression	1.0308
Sucre cristallisable par décilitre de jus	0.194
Sucres réducteurs	0.421
Chlorure de potassium, pour 100 de matière sèche	2.38
Alcalinité en carbonate de potasse	7.89
Potasse correspondant à ces sels	6.88
Potasse trouvée directement	7.80
Chaux totale	3.39
Acide phosphorique	0.74

Steamer " Ville d'Anvers " (300 chevaux   2
Steamer " Saint-Paul " (400 chevaux)   2
Steamer " Saint-Marc " (400 chevaux)   3
Steamer " Saint-André " (400 chevaux)   3
Steamer " Saint-Jacques " (400 chevaux)   4
Steamer " Pampa " (1400 chevaux)   8
Steamer " Uruguay " (1600 chevaux)   9
Ateliers d'Artillerie, à Puteaux   11
Decauville aîné, ateliers de Corbeil   29
Gillet et fils, teintures à Lyon   36

3791

Les tubercules ont donné pour 100 :

Les gros......	Eau...........................	80.22
	Fécule........................	12.15
	Matières azotées.............	1.69
	Divers........................	5.94
Les moyens...	Eau...........................	79.52
	Fécule........................	12.00
	Matières azotées.............	1.88
	Divers........................	6.60
Les petits......	Eau...........................	82.54
	Fécule........................	9.80
	Matières azotées.............	1.80
	Divers........................	5.86

Les chiffres qui précèdent nous montrent que la partie aérienne contenait encore, le 7 septembre, des quantités assez notables de sucre cristallisable et surtout de sucres réducteurs. On sait que M. Aimé Girard a le premier signalé dans les feuilles la présence de ces sucres qui seraient, par leurs migrations et leurs transformations, les agents constituants des diverses parties du tissu végétal et en particulier de la matière amylacée des tubercules.

L'analyse des cendres a encore conduit, pour la potasse totale, à un chiffre supérieur à celui qui correspondait tout à la fois au chlore et à l'alcalinité. L'exclusion de la soude peut donc encore être admise.

L'essai des tubercules indique une richesse en fécule décroissante avec la grosseur, tandis que la richesse en matières azotées paraît aller à peu près en sens contraire. La pomme de terre étant cultivée au double point de vue de son emploi dans l'alimentation et dans l'industrie, il est utile de tenir compte de l'azote qu'elle renferme car si les féculeries et les distilleries, n'ont à se préoccuper que de la fécule dans l'évaluation des tubercules, les matières azotées remplissent un rôle qui n'est pas à négliger dans la pomme de terre alimentaire et il serait intéressant de rechercher si en effet, dans une même plante, les tubercules les plus petits sont tout à la fois les plus pauvres en fécule et les plus riches en azote. A. PAGNOUL.

Directeur de la station agronomique du Pas-de-Calais, à Arras.

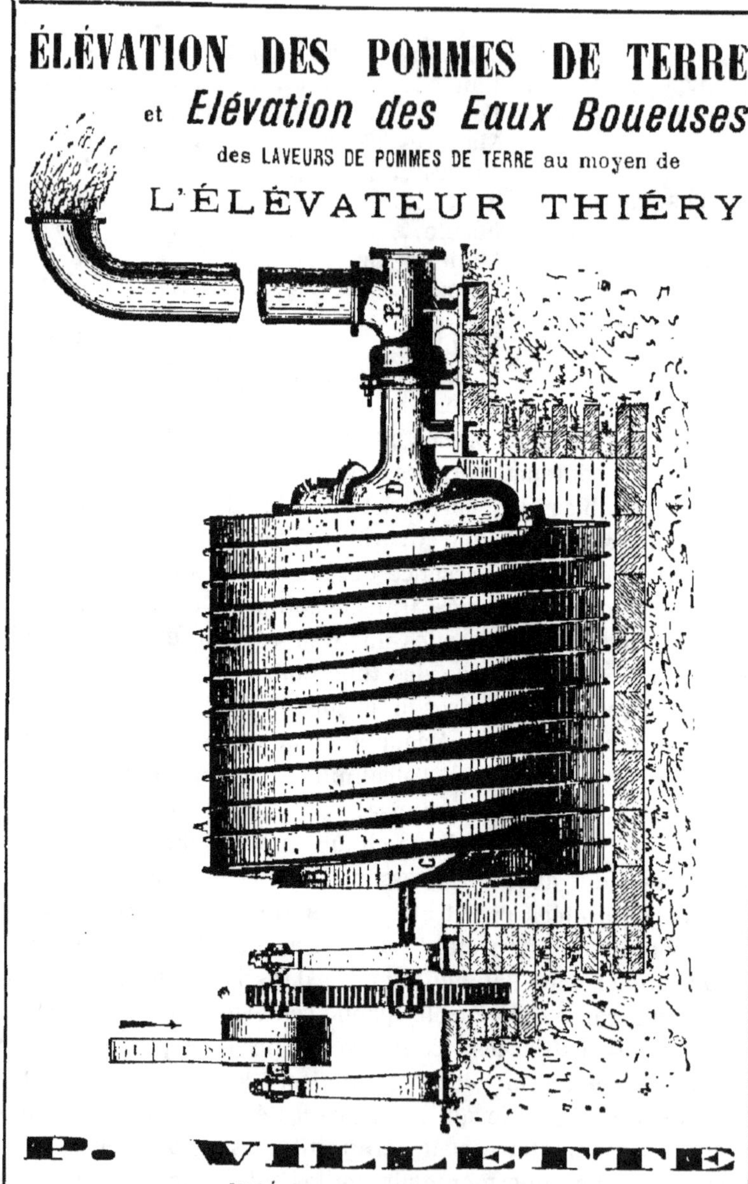

ÉLÉVATION DES POMMES DE TERRE
et Elévation des Eaux Boueuses
des LAVEURS DE POMMES DE TERRE au moyen de
L'ÉLÉVATEUR THIÉRY
P. VILLETTE
INGÉNIEUR-CONSTRUCTEUR
37 et 39, rue de Wazemmes, LILLE (Nord) 3925

CULTURE DE LA POMME DE TERRE INDUSTRIELLE

Choix du Terrain. — Les Engrais. — Nombre de plants à l'hectare. — Le Buttage. — L'Arrachage.

On peut dire que tous les sols, sauf ceux ou séjourne l'humidité stagnante ou ceux qui sont trop acides, conviennent plus ou moins bien à la production des pommes de terre. Mais pour la culture industrielle, il faut choisir des terre de qualité au moins moyenne, bien saines par nature ou artificiellement assainies, où les racines puissent s'étendre à l'aise et les tubercules se former et se conserver dans de bonnes conditions.

Plus la terre est profondément labourée, plus la récolte est mise à l'abri des intempéries accidentelles et plus la production est assurée. Tout accroissement dans la profondeur des labours est suivi, comme les expériences de M. Aimé Girard l'ont démontré, d'une augmentation de récolte. Il y a toutefois une limite, variable avec la nature des terrains, où l'accroissement du produit ne compense plus le surcroit des frais qu'entraîne un défoncement plus complet. Le cultivateur doit savoir déterminer ce point pour ne pas le dépasser.

Ce n'est pas par simple hasard que j'ai insisté d'abord et principalement sur les qualités physiques de la terre. C'est que celles-ci sont particulièrement importantes et qu'il faut les accepter telles qu'elles sont. La composition chimique de la terre, au contraire, sa richesse en éléments assimilables par la pomme de terre, plante vorace et avide d'engrais, peuvent être modifiées dans le sens et dans la proportion nécessaires au moyen d'apports raisonnés de matières fertilisantes. Une demi-fumure de fumier de ferme et des engrais de commerce choisis suivant les besoins du sol et de la récolte composent ordinairement une bonne ration alimentaire pour la pomme de terre.

Supposons qu'il s'agisse d'obtenir une récolte de 30.000 kilogr.

E. WAUQUIER & FILS

CONSTRUCTEURS

69 -- Rue de Wazemmes -- 69

LILLE (Nord)

Installations complètes et Appareils divers
POUR SUCRERIES, DISTILLERIES

FÉCULERIES ET AMIDONNERIES

d'après les systèmes UHLAND brevetés s. g d. g.

MACHINES A VAPEUR (Fixes et Locomobiles)

POMPES CENTRIFUGES

POMPES DOUBLES A ACTION DIRECTE 3076

de tubercules à l'hectare. En tenant compte de ce qu'ils renferment et de ce qu'ont contenu les fanes au moment de leur plus grand développement, nous trouvons que les plantes ont mis en œuvre par hectare en chiffres ronds :

Azote........................	100 k.
Acide phosphorique...........	50 k.
Chaux........................	60 k.
Magnésie.....................	30 k.
Potasse	230 k.

Il n'est pas mauvais, soit qu'on donne la fumure moitié en fumier, soit qu'on emploie uniquement les engrais de commerce, de ménager un peu la dose d'azote.

Par contre, on peut être large dans l'application de la potasse et surtout de l'acide phosphorique. La chaux manquera rarement, surtout si la dose de phosphate employée est élevée; quant à la magnésie, bien qu'elle soit d'ordinaire en surabondance dans les terres cultivées, il n'est pas hors de propos de s'assurer par l'analyse des produits obtenus qu'elle ne fait pas défaut. Enfin, l'on trouve souvent avantage, et surtout dans les sols calcaires, à ajouter à la fumure 100 ou 200 kilos de sulfate de fer.

Pour les pommes de terre industrielles qui, sans exception, sont des plantes à fortes fanes et à végétation vigoureuse, il suffit de mettre de 25 30.000 plants à l'hectare, c'est-à-dire que chaque plante occupe environ le tiers d'un mètre carré de superficie Cependant quelques bons praticiens plantent beaucoup plus clair, seulement 12 à 15.000 plants à l'hectare, d'autres un peu plus serré. L'écartement de 0^{m}60 sur 0^{m}50 est souvent adopté.

L'expérience a montré que les tubercules moyens, plantés entiers, valent mieux que les gros coupés en plusieurs morceaux ou que les tout petits.

Il est bon de planter de telle façon que les touffes soient alignées dans les deux sens. De la sorte, on peut faire passer les instruments aratoires en travers aussi bien qu'en long ;

cette disposition rend plus faciles et moins coûteuses les façons d'entretien.

L'utilité du buttage est contestée. Il paraît établi en effet que le rendement n'est pas plus grand quand il a été exécuté que quand on l'a omis ; mais par contre les tubercules sont mieux groupés au pied de la touffe, ils sont moins exposés à verdir et l'arrachage est très sensiblement plus facile quand les pommes de terre ont été buttées. Ce n'est guère qu'à la fin de septembre ou dans le courant d'octobre que s'arrachent les pommes de terre cultivées pour l'industrie. L'opération se fait soit à la houe, soit à la charrue, soit avec des arracheurs spéciaux à soc obtus et prolongé par des barres de fer divergeant en éventail.

Il est bon de les laisser se ressuyer un jour ou deux avant de les mettre en cave ou en silos. Les tubercules attaqués par la pourriture doivent être soigneusement écartés, car ils pourraient occasionner la perte de toute la masse. Les variétés à tubercules blancs ou jaunes ont cet avantage que la moindre tache de pourriture s'y distingue mieux que sur les races à tubercules colorés, surtout si la coloration est violette. Cette considération a dans la pratique plus d'importance qu'on ne pourrait lui en attribuer au premier abord.

Henry L. de VILMORIN.

LA MALADIE

Le Champignon Phytophtora Infestans. — L'Action de la Chaleur. — La Bouillie Bordelaise. — La Formule de M. Girard. — Les Pulvérisateurs et les Distributeurs.

Une question très grave au point de vue des rendements, c'est celle de la maladie. On sait que les feuilles sont les organes qui, sous l'action de la chaleur et de la lumière, élaborent de la fécule qui va s'accumuler dans les tiges souterraines renflées ou tubercules. L'invasion de la maladie, en désorganisant les tissus des feuilles et en en détruisant la matière verte, en paralyse les fonctions; aussi la production en tubercules des plantes dont les fanes ont souffert gravement de la maladie est-elle toujours grandement réduite.

C'est pourquoi les efforts des cultivateurs doivent tendre à éviter les désastres de la maladie ou du moins à les restreindre autant que possible. C'est ici que malheureusement l'action des circonstances atmosphériques se fait sentir le plus fortement.

La nature de la maladie est parfaitement connue aujourd'hui; elle est due à un champignon microscopique appelé *Phytophtora* (autrefois Peronospora) *infestans*. Ce champignon, doué d'une rapidité de reproduction effrayante, envahit les parties vertes de la plante, se nourrit des substances azotées qu'elles contiennent et émet à travers toutes les ouvertures de l'épiderme des filaments innombrables, très ténus et garnis de corps reproducteurs à leurs extrémités. Ces filaments, extrêmement fragiles se brisent à la moindre secousse et répandent sur les parties voisines ou livrent au vent les corps reproducteurs qui, transportés sur une autre plante, s'y développent et l'envahissent aussitôt. Deux conditions sont nécessaires au développement de la maladie, d'abord une chaleur humide supérieure à 20° au dessus de zéro et ensuite la rencontre d'une plante sur laquelle elle puisse s'intaller, comme la pomme de terre ou la tomate.

Aux environs de Paris, la maladie de la pomme de terre fait rarement son apparition avant le 20 juin ou le 1er juillet; après le 1er septembre, elle subsiste, mais les ravages en sont bien moins actifs, la température s'abaissant alors au-dessous du degré qui est nécessaire à la propagation rapide.

Ces faits, observés depuis longtemps, ont donné le moyen de soustraire complétement à la maladie, les cultures de pommes de terre très hâtives qui s'arrachent dans le commencement de juin. Ils expliquent aussi la grande fécondité de certaines variétés à végétation très tardive qui prennent leur principal développement et qui forment et mûrissent leurs tubercules en septembre et en octobre, à l'époque où la maladie a perdu sa malignité. Tel a été le *Chardon*, telles sont aujourd'hui l'*Imperator*, l'*Aspasie*, la *Géante bleue*. Il suffit que pendant les grandes chaleurs elles ne succombent pas à la maladie (moins pernicieuse pour les pommes de terre relativement jeunes que pour celles qui forment déjà leurs tubercules); et, quand la température s'abaisse, la végétation reprend en dépit de la maladie, dès lors à peu près paralysée, et les tubercules se forment et se remplissent dans de bonnes conditions.

On comprendra facilement par là que les années soient aisément ou désastreuses ou relativement inoffensives au point de vue de la maladie. Si toute la durée des grandes chaleurs coïncide avec une période de sécheresse, les ravages peuvent être réduits à fort peu de choses. Si, au contraire, les pluies surviennent et persistent tandis que le thermomètre reste au dessus de 20°, les dégats peuvent être d'une gravité déplorable. Heureusement le cultivateur n'est plus désarmé aujourd'hui en face de son terrible ennemi. Le sulfate de cuivre dont l'action très efficace contre les parasites végétaux s'est d'abord révélée sur le mildew de la vigne (qui est aussi un peronospora), a été bientôt par analogie essayé sur la pomme de terre. Les résultats, sans être absolument complets ont été et restent des plus satifaisants. Appliqué en solution très étendue d'eau, additionné de chaux éteinte qui neutralise l'acidité du liquide et en rend la présence visible sur les fanes de la pomme de terre. Le remède prend le nom de *Bouillie Bordelaise*, sous lequel il est devenu justement célèbre dans les annales de la viticulture. On peut faire la mixture plus ou moins claire ou plus ou moins concentrée. Deux kilogrammes de sulfate de cuivre et trois kilogrammes de chaux sont amplement suffisants pour un hectolitre de liquide préservateur. Beaucoup d'autres formules ont été proposées et toutes sans doute ont leurs avantages, mais celle-ci est simple, facile à préparer et à distribuer et elle a fait ses preuves. Non pas qu'elle guérisse les plantes attaquées: quand le mycelium ou partie végétative du champignon a pénétré les tissus verts de la pomme de terre, aucune substance jusqu'ici connue ne saurait le détruire sans désorganiser en même temps les tissus envahis. Mais le remède agit sur les organes de reproduction Peronospora, les détruisant quand ils sont apportés par le vent ou autrement à portée de son action, les desséchant quand ils apparaissent à proximité sur les parties déjà attaquées et les empêchant ainsi de se répandre au loin et de contaminer des espèces encore indemmes. Des expériences nombreuses ont été faites et beaucoup d'entre elles ont été comparatives et cela non seulement en France, mais aussi en Belgique et en Angleterre. Partout les résultats ont été concluants en ce sens que les parties traitées sont restées plus vigoureuses, plus vertes, en meilleur état de végétation et se sont montrées, à l'arrachage, notablement plus productives que les portions des mêmes champs abandonnées à elles-mêmes. L'action du traitement a été d'autant plus efficace que les applications de sulfate de cuivre ont été faites plus tôt dans la saison, quoique toujours au voisinage de l'époque où se remarque l'invasion de la maladie et qu'elles ont été plus fréquemment répétées.

Les périodes de pluies qui surviennent malheureusement de temps en temps au cours de nos étés ont en effet ce double inconvénient qu'elles entretiennent l'humidité favorable à la propagation de la maladie et qu'elles délavent les tiges et les feuilles de pommes de terre, entraînant ainsi le dépôt de substance active que l'application du remède y avait laissée. Il faudrait, si la chose était possible, faire une application nouvelle à la suite de chaque grande pluie, à moins qu'on arrive à trouver une composition qui devienne insoluble dans l'eau après l'application et que par suite les averses ne puissent pas entraîner. La solution, composée de deux kilogrammes de sulfate de cuivre et d'un kilogramme de carbonate de soude en cristaux (cristaux de soude du commerce) a paru à M. Aimé Girard être la plus persistante de toutes.

Quant aux modes d'application, ils sont variés et restent au choix de chacun. Les pulvérisateurs à dos comme on les emploie pour les vignes, paraissent jusqu'ici les appareils les plus commodes et les plus pratiques. Il est possible qu'on arrive néanmoins à de bons résultats et économiques avec des distributeurs montés sur roues et trainés par un cheval, comme sont certains distributeurs d'engrais.

Moyennant les soins que je viens d'indiquer, en cultivant bien et libéralement des variétés bien choisies de pommes de terre industrielles, en les défendant par une ou plusieurs applications de sulfate de cuivre contre les ravages de la maladie, on peut obtenir, l'expérience l'a prouvé, des rendements en tubercules de 25 à 30.000 kilogrammes et même davantage à l'hectare, sans dépenser plus que pour une récolte équivalente de betteraves à sucre.

Henry L. de VILMORIN.

SÉLECTION DES SEMENCES

Pieds à Végétation vigoureuse — Richesse en Fécule. — La Densité. — Le Procédé A. Baudry: Semence sélectionnée à la deuxième puissance.

S'en suit-il qu'on ne puisse pas faire encore mieux ? Je ne pense pas. Car dans tout ce qui précède, il n'a pas été question d'un facteur qui de tout temps, mais surtout dans ces dernières années, est intervenu largement dans les opérations agricoles. Je veux parler de la sélection des semences. Je n'entends pas par là le choix d'une race plus ou moins bien appropriée à l'objet qu'on a en vue. Pour cette partie du sujet voir le n° 1 de " *La Pomme de terre industrielle* ", mais j'entends la détermination dans une même variété des tubercules qui serviront à la plantation, à l'exclusion de ceux qui seront employés aux usages industriels. De même que l'emploi de certaines graines préférablement à certaines autres peut procurer un excédent en quantité et en qualité dans le rendement des céréales, de même le choix judicieusement fait entre les tubercules récoltés dans un même champ de pommes de terre peut influer d'une façon très marquée sur les résultats de la récolte à laquelle ils serviront de point de départ. Et comme la valeur de cette récolte dépendra d'une part de l'importance du produit et d'autre part de sa qualité industrielle, la sélection trouve à s'exercer dans deux directions, à savoir dans le sens du rendement en poids et dans celui de la richesse en fécule, et cela par des procédés divers dans les deux cas.

Il est d'abord intéressant de déterminer parmi les pieds qui composent une plantation de pommes de terre ceux qui ont la végétation la plus vigoureuse et la plus régulière. Pour cela on peut, au moment de leur plein développement, qui est à peu près celui de la floraison, parcourir le champ et marquer d'un bâton ou d'une baguette enfoncée en terre les touffes qui semblent les plus parfaites au point de vue des caractères de végétation.

Je suppose, bien entendu, que l'opérateur connaît les races de pommes de terre et ne prend pas des individus d'une race plus développée en fanes qui se trouveraient mélangés accidentellement à la race cultivée pour des individus particulièrement vigoureux de celles-ci.

Au moment de l'arrachage, les tubercules provenant des pieds choisis sont mis à part. Il est même plus sûr, afin d'éviter toute erreur, de les faire arracher quelques jours avant de commencer l'arrachage général.

Ces tubercules, provenant des pieds exceptionnellement bien développés, donnent naissance l'année suivante à des plantes également vigoureuses, car dans le cas présent il y a propagation de la même plante par une véritable bouture et la transmission des caractères individuels est plus rigoureuse et plus complète que dans les cas de reproduction par voie de génération. Au surplus l'expérience a été faite et la supériorité des rendements obtenus de la semence ainsi choisie est indiscutable. Maintenant parmi les tubercules ainsi choisis et qui constitueront une semence de qualité supérieure au point de vue de la vigueur, il est possible et certainement avantageux de faire un nouveau choix sous le rapport de la richesse en fécule.

Deux procédés s'offrent pour faire ce choix. L'un consiste dans la détermination de la densité des tubercules. Il est assez facile à appliquer au moyen d'une balance hydrostatique tant soit peu exacte et il donne l'indication de la teneur des tubercules en fécule avec une approximation telle que l'erreur en plus ou en moins n'est guère que de 5 0/0.

Un autre procédé a été imaginé et décrit par M. Albert Baudry dans le bulletin de l'Association des chimistes de sucrerie et de distillerie. Il repose sur la dissolution de la fécule dans l'acide salycilique et dans sa détermination au moyen du polarimètre. Ce dernier procédé est assez délicat à cause de la nécessité où l'on est de réduire la chair des tubercules essayés en une pulpe excessivement fine pour que toutes les cellules soient déchirées et que tous les grains de fécule soient soumis à l'action du réactif qui les dissout, mais aussi donne-t-il, quand il est bien manié, des indications absolument exactes.

C'est ce procédé que j'ai adopté au laboratoire de Verrières et le fonctionnement en est très satisfaisant. Les tubercules, percés d'un seul trou de part en part au moyen d'une sonde d'un centimètre environ de diamètre, se conservent parfaitement après l'opération et peuvent être plantés sans courir plus de chances de se gâter en terre que les tubercules intacts, On peut dire qu'ils représentent de la semence sélectionnée à la deuxième puissance et que pris dans une variété bien appropriée aux besoins locaux, cultivés avec tous les soins voulus et convenablement traités contre la maladie, ils donnent toutes les garanties de succès qu'on peut espérer, tant au point de vue du rendement cultural qu'à celui tout aussi important de la qualité industrielle du produit obtenu. En 1892 des dosages ont été faits principalement sur la pomme de terre *Richeter's Imperator*, et accessoirement sur la *Canada,* la *Roussette,* l'*Aspasie* et la *Géante bleue,* c'est-à-dire sur celles qui parmi les anciennes variétés et parmi les nouvelles semblent présenter le plus d'intérêt comme pommes de terre industrielles.

Henry L. de VILMORIN.

LA LUTTE

CONTRE LA

MALADIE DE LA POMME DE TERRE AU MOYEN DE COMPOSÉS CUIVRIQUES

par M. Aimé GIRARD

Marche à suivre pour le traitement de la Maladie

L'efficacité du traitement de la maladie de la pomme de terre au moyen des composés cuivriques est aujourd'hui nettement établie, et la prudence indique que dans tous les cas il y faut recourir. Le cultivateur, en face des dangers qui menacent sa récolte, doit devenir son propre assureur. Une dépense de 20 francs environ par hectare lui suffit pour atteindre ce but.

Mais, pour que le traitement réussisse, c'est chose nécessaire que l'application en ait lieu dans des conditions déterminées : l'emploi de produits impurs, de mélanges faits sans soins, d'appareils défectueux suffit pour rendre absolument inutiles les efforts du cultivateur.

C'est ainsi que l'on a vu cette année dans plusieurs localités en Angleterre et surtout en Ecosse, le traitement échouer complètement parce qu'on y avait fait intervenir du sulfate de cuivre acheté en poudre et frauduleusement additionné de sulfate de fer, parce qu'on y avait employé aussi de la chaux simplement délitée à l'air et par suite carbonatée, etc.

A toutes les préparations que le traitement comporte il faut, si l'on veut que celui-ci soit suivi de succès, apporter des soins attentifs, et beaucoup considéreront comme utile, je pense, qu'au moment où l'application de ce traitement se développe, j'insiste sur quelques-unes de ces préparations.

Le sulfate de cuivre doit être toujours aussi pur que possible. Il ne le faut accepter qu'en cristaux bleus et limpides ; habituellement les grandes maisons en indiquent la richesse sur facture.

En général, c'est à la teneur de 2 kilogr. de sulfate de cuivre par hectolitre que les bouillies sont préparées, et c'est, en général aussi, sur la lisière même du champ à traiter qu'on dissout ce sulfate de cuivre. L'opération est lente alors et incommode. Pour l'éviter, j'ai depuis deux ans, adopté une manière de faire différente, et qui consiste à apporter près du champ une solution mère de sulfate de cuivre faite à l'avance et dont il n'y a plus qu'à verser dans un tonneau défoncé un volume déterminé.

A la ferme, par exemple, je loge dans un baquet de bois 40 kilogr. de sulfate de cuivre préalablement concassé; et sur ces 40 kilogr. je verse un hectolitre d'eau presque bouillante. Bientôt la dissolution est complète; la liqueur est abandonnée au refroidissement puis entonnée dans un fût de bois et portée près du champ.

Là est dressée sur le sol la barrique défoncée dans laquelle la bouillie doit être préparée. A l'intérieur de cette barrique (228 litres), on a fait une marque correspondant au volume de 2 hectolitres ; à l'aide d'un seau, toujours en bois, portant également une jauge à l'intérieur, on y verse 10 litres de la solution mère (soit 4 kilogr. de sulfate de cuivre), on ajoute 100 litres d'eau et l'on complète le volume de 2 hectolitres avec le réactif qui doit précipiter le cuivre à l'état de bouillie.

Si, désireux d'employer la bouillie cuprosodique, le cultivateur veut, comme réactif précipitant, employer les cristaux de soude, il aura soin de repousser les cristaux désignés sous

le nom de cristaux mixtes, qui renferment plus de sulfate que
de carbonate. Pour reconnaître la valeur du produit qu'il
aura acheté, il recourra au procédé simple que j'ai récemment
communiqué à la Société nationale d'agriculture (1); enfin,
pour rendre la manipulation plus commode, il préparera, à la
ferme encore, une autre solution mère faite comme la précédente, en versant dans un tonneau, qui cette fois pourra être
de métal, 120 kilos de cristaux de soude d'abord, puis la quantité d'eau tiède nécessaire pour parfaire un hectolitre.

Refroidie, transportée près du champ, cette solution sera
alors versée dans la barrique qui, déjà contient le sulfate de
cuivre à la proportion de 10 litres de solution cuivrique
employés.

Le volume étant ensuite complété à 2 hectolitres avec de
l'eau, le mélange sera bien agité et immédiatement versé dans
le pulvérisateur. Ces 2 hectolitres serviront au traitement de
12 à 14 ares.

Si, à la bouillie cupro-sodique, le cultivateur préfère les
bouillies cupro-calcaires, il devra apporter au choix de la
chaux la plus grande attention. Cette chaux, il devra toujours
en essayer préalablement les qualités. Dans l'eau froide, il en
plongera un échantillon et y laissera cet échantillon immergé
pendant quelques minutes, jusqu'à ce que, de la masse, il ne
se dégage plus aucune bulle d'air; il l'enlèvera alors et le
déposera sur une assiette, où il le laissera se déliter en
foissonnant. Au bout de quelques minutes, la chaux, si elle
est bonne, sera réduite en une poussière impalpable; mais si,
au milieu de cette poussière, restent des parties pierreuses, la
chaux a été mal cuite et ne peut donner de bons résultats.

Si, au contraire, elle se présente avec les qualités qui viennent d'être indiquées, après l'avoir pesée à l'état vif et éteinte
à la ferme par le procédé même qui vient d'être indiqué pour
l'essayer, on la délaiera dans un volume d'eau quelconque

(1) Séance du 4 Mai 1892.

mais connu, et c'est le lait ainsi obtenu que l'on transportera près du champ pour, à cet état de lait, en verser le volume correspondant à 5 ou 6 kilogrammes de chaux vive dans la barrique qui déjà a reçu les 10 litres de liqueur mère contenant 4 kilog. de sulfate de cuivre qu'exige la préparation de 2 hectolitres de bouillie.

Si enfin c'est à la bouillie sucrée de M. Michel Perret que le cultivateur donne la préférence, il fera bien de dissoudre à la ferme, non seulement le sulfate de cuivre, mais encore la mélasse, en employant également, pour cette dernière dissolution de l'eau chaude, de façon à n'apporter sur le champ que des solutions titrées et un lait de chaux de composition connue dont le mélange, à l'aide de seaux, ne présentera plus aucune difficulté.

C'est vers la fin de juin, au plus tard dans les premiers jours de juillet, qu'il convient d'appliquer le traitement. L'arrosage doit être abondant, beaucoup plus abondant que pour la vigne. C'est à 16 ou 18 hectol. par hectare (32 à 36 kilogr. de sulfate de cuivre) qu'il convient d'élever les quantités de bouillie employées.

On n'a pas lieu d'en être surpris lorsqu'on réfléchit que la surface foliacée de la pomme de terre est, ainsi que je l'ai montré dans mes *études sur le développement de la pomme de terre* (1), égale à six fois la surface du terrain sur lequel la plante a végété; sur un champ d'un hectare, la surface des feuilles ne représente pas moins de six hectares.

Ces 18 hectolitres, je préfère les répandre en une seule fois, en choisissant le moment où la végétation foliacée a presque atteint son apogée; d'autres préfèrent, au contraire, faire sur le champ deux opérations successives, séparées l'une de l'autre par une ou deux semaines d'intervalle. De ces deux manières de faire, la première a l'avantage de réduire au

(1) *Recherches sur la culture de la pomme de terre*, chez MM. Gauthier-Villars et fils, quai des Grands-Augustins, 55, et au bureau du journal " *La Pomme de Terre* " à Anzin (Nord).

minimum les accidents que peut causer le passage des hommes ou des chevaux au milieu des files de pommes de terre dont le feuillage, à ce moment atteint 0^{m}80 et même 1 mètre de hauteur.

Pour répandre les bouillies, l'industrie du constructeur met à la disposition du cultivateur un grand nombre de pulvérisateurs portés à dos d'homme, qui, presque tous, donnent de bons résultats, et entre lesquels il est difficile de faire un choix. C'est au pulvérisateur Bourdil que, pour mes travaux personnels, j'ai donné la préférence ; il m'a semblé particulièrement commode et sûr ; mais d'autres aussi ont des qualités recommandables.

Appliqués aux travaux de la petite culture, les pulvérisateurs à dos d'homme sont d'un emploi tout à fait satisfaisant, et c'est à leur aide qu'on arrive aux chiffres de dépenses de 20 à 25 francs par hectare que j'ai précédemment cités ; mais ils ne sauraient suffire au traitement des vastes surfaces que, dès aujourd'hui la grande culture consacre à la pomme de terre.

Pour satisfaire à ces besoins nouveaux, c'est chose indispensable que de construire des pulvérisateurs à cheval à grand débit, et permettant de traiter rapidement, en quelques jours, des cultures considérables.

En étudiant les différents pulvérisateurs à cheval proposés pour le traitement de la vigne, dans ces dernières années, mon attention s'est portée particulièrement sur celui que construit M. Vermorel, de Villefranche. Il m'a semblé qu'en apportant aux dispositions de cet appareil certaines modifications, on pourrait l'approprier, plus facilement que d'autres, au traitement de la pomme de terre.

M. Vermorel a bien voulu adopter les modifications que je lui proposais, et il a, sur mes indications, construit un pulvérisateur formé principalement d'une caisse en cuivre de 200 à 300 litres de capacité, à l'intérieur de laquelle agit une pompe foulante qui, obéissant à un mécanisme simple, que le moyeu de l'une des roues met en mouvement, refoule la bouillie dans une rampe horizontale, munie d'ajutages et placée en arrière, d'où elle s'échappe, sous pression, en forme de nappe abondante et régulière.

Les roues sont écartées à 1m20, de telle façon que le cheval passant dans un rayon, celles-ci trouvent leur voie dans les deux rayons latéraux; la caisse enfin est montée à 1 mètre de hauteur, de façon à pouvoir, sans les toucher, passer au-dessus des tiges de la pomme de terre.

J'ai, en 1891, appliqué à Joinville-le-Pont ce pulvérisateur au traitement d'une pièce de 5 hectares, MM. Tetard et fils l'ont, à Gonesse, employé au traitement de 12 hectares, et, sur l'une comme sur l'autre culture, nous l'avons vu fonctionner avec une régularité parfaite.

Muni de jets en nombre suffisant, il pulvérise sans difficulté 16 hectolitres de bouillie à l'hectare, et la durée du travail n'excède pas deux heures pour cette surface ; on peut, en un mot, traiter aisément avec ce pulvérisateur cinq hectares par journée de 10 heures.

La seule difficulté que présentât encore l'application des bouillies cuivriques au traitement de la maladie de la pomme de terre n'existe donc plus aujourd'hui.

L'efficacité de ce traitement est établie sans conteste; la valeur des différentes bouillies est connue; des pulvérisateurs commodes et sûrs sont à la disposition de la grande comme de la petite culture. Pour faire disparaître la maladie de la pomme de terre de la liste des fléaux dont souffre l'agriculture, il ne reste donc plus qu'à appliquer avec méthode, et surtout avec persévérence, les moyens dont la science a doté la pratique.

PULVÉRISATEUR

POUR LE

Traitement de la Maladie des Pommes de Terre

Parmi les appareils employés au traitement du peronospora de la pomme de terre par les sels cuivriques, le pulvérisateur Besnard a été très remarqué dans les concours spéciaux où ces instruments ont été expérimentés.

Fig. 7. — Pulvérisateur F. Besnard.

L'agencement simple et solide des organes de la pompe permet à tout le monde l'emploi du pulvérisateur Besnard. Il est composé d'un réservoir solide entièrement en cuivre rouge, une pompe à air placée extérieurement sur le côté est actionnée par un levier mû par l'opérateur; cette pompe donne la pression dans le réservoir.

Pour l'application au traitement de la pomme de terre, le principal avantage du pulvérisateur Besnard réside dans le rendement supérieur de la pompe à air. On peut traiter avec une seule pompe et sans fatigue pour l'opérateur 4 rangs de pomme de terre à la fois à l'aide de 4 jets à orifices de 2 $^m/_m$: les 20 litres de liquide contenus dans le réservoir s'épuisent en trois minutes et demie.

D'après les expériences faites: l'opérateur ayant arrosé ainsi, à une vitesse de marche de 1 kilomètre à l'heure, 4 rangs de 58 mètres environ, soit 232 mètres développés de pommes de terre avec 20 litres de liquide, il résulte de ces chiffres, en comprenant le temps nécessaire au remplissage, soit cinq minutes, les tonneaux de liquide à répandre étant placés aux endroits convenables pour diminuer autant que possible le chemin de retour à vide pour le remplissage ; qu'un homme dans une journée moyenne de 10 heures de travail, peut traiter une longueur développée de 18 à 19 kilomètres, ce qui représente, en supposant les rangs plantés à 60 centimètres, une superficie de 3 hectares par jour. Par les mêmes chiffres la dépense de liquide est évaluée à 1600 litres, soit un peu plus de 500 litres à l'hectare.

Le Pulvérisateur Besnard, type courant, contient 15 litres ; on peut y adapter un jet double ou quadruple pour pommes de terre mais pour ce dernier jet, il est préférable d'employer l'appareil contenant 20 litres.

ARRACHEURS MÉCANIQUES DES POMMES DE TERRE

En présence du développement considérable de l'Industrie féculière, les Sociétés d'agriculture commencent à encourager vivement la solution complète du problème de l'arrachage mécanique des pommes de terre.

En octobre 1892 a eu lieu à Beauvais un Concours tout spécial pour l'arrachage de la betterave et de la pomme de terre, où MM. Amiot et Bariat et M. Bajac, les grands constructeurs bien connus du monde agricole se sont disputés les premiers prix.

Arracheur de pommes de terre à double grille Amiot et Bariat

Cet instrument se compose d'un suivant arqué monté sur un avant-train à deux roues suffisamment espacées pour emboîter le billon que l'on a formé en buttant la pomme de terre.

Cette forme arquée empêche l'engorgement des radicelles ou des tiges mortes.

La partie travaillante est formée d'un avant-corps, sur lequel sont montées deux grilles en fer forgé, ayant pour objet de ramener les pommes de terre à la surface du sol après les avoir débarrassées de la terre qui les enveloppait.

La grille arrière, légèrement relevée, est d'une largeur beaucoup plus grande que celle avant, ce qui lui permet de sortir de terre les quelques tubercules que la forme butante de la première grille aurait rejetés sur les côtés.

La disposition du tirage permet de bien faire talonner l'outil qui est d'une conduite facile.

On peut, avec 2 chevaux et un homme sortir de terre 1 hectare 1/4 par jour.

Le prix de l'arracheur est de 135 francs.

Arracheur à 3 grilles indépendantes A. Bajac

L'arracheur à 3 grilles indépendantes de M. A. Bajac a fait ses débuts au Concours de Beauvais.

Transports Internationaux

COMMISSION - EXPÉDITIONS - ASSURANCES

HAUSER & JOLY

21, Rue Leys, à ANVERS

SPÉCIALITÉ DE TRANSPORTS A FORFAIT

pour tous pays

SUCRES, MÉLASSES, ALCOOLS

GRAINES de BETTERAVES

ET TOUT MATÉRIEL DE SUCRERIE, RAFFINERIE

DISTILLERIE, FÉCULERIE

3985

L. EXUPÈRE

CONSTRUCTEUR

D'INSTRUMENTS DE PESAGE

pour Laboratoires, Industrie et Commerce

Médaille d'argent, **Paris 1878**
Médaille d'argent, **Melbourne 1880**
Médaille d'argent, **Hanoï 1887**
Médaille d'or, **Paris 1890**. Médaille d'or, **Paris 1891**
Diplôme d'honneur, **Paris 1891**

PARIS - 71, rue de Turbigo - PARIS

3967

Au lieu d'une grille unique et rigide comme jadis, l'instrument comporte 3 grilles indépendantes l'une de l'autre, articulées à leur base et mobiles pendant la marche. Il en résulte que la terre formant buttée se trouve secouée, disloquée, ceci en vue de la séparer du tubercule surtout quand elle est compacte et collante. Le soc arracheur a aussi une disposition toute particulière qui facilite sa pénétration dans les terrains les plus résistants.

Comme pour les arracheurs de betteraves de **M. A. Bajac**, la direction est donnée par un levier très sensible qui permet d'obtenir une marche très régulière sans aucune fatigue pour le conducteur.

Arracheur Defosse-Delcambre

L'arracheur Defosse-Delcambre est représenté par la fig. 8.

Il se construit de deux modèles différents :

Modèle ordinaire du prix de 100 fr.

Batteur à versoirs d'acier mobiles s'y adaptant, 30 fr.

Modèle plus fort du prix de 135 fr.

Batteur à versoir d'acier mobile s'y adaptant, 35 fr.

Georges GRAS.

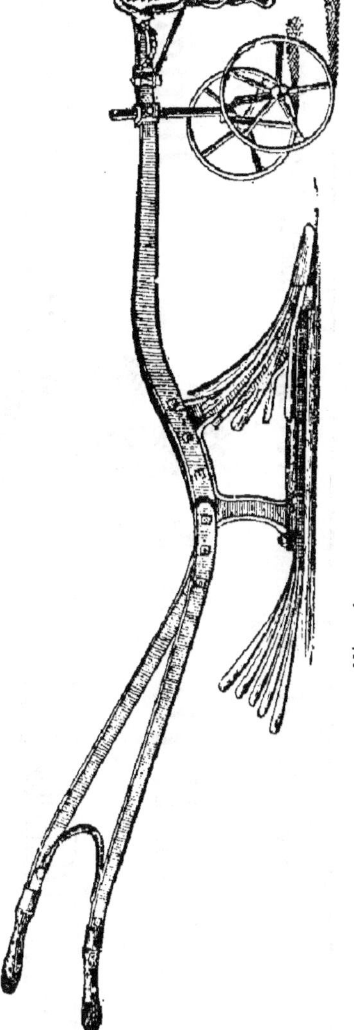

Fig. 8. — Arracheur Defosse-Delcambre.

ARTICLES & USTENSILES DE MÉNAGE EN FER BATTU, ÉTAMÉS, ÉMAILLÉS OU GALVANISÉS

Emaillerie
Nationale

PH. MEURA & L. JANSSENS

ANZIN
(Nord)

GALVANISATION NATIONALE

PH. MEURA & L. JANSSENS

ANZIN (Nord)

TOLES GALVANISÉES
TOLES ONDULÉES & GALVANISÉES
pour Couvertures, hangars, etc.

FEUILLARDS, SPATES, FILS DE FER, TIREFONDS,
CHAINES, TUBES, ETC., GALVANISÉS

GALVANISATION A FAÇON

4021 D.

CHAPITRE II.

CHIMIE APPLIQUÉE

FÉCULOMÈTRE POUR POMMES DE TERRE

PAR

MM. Aimé GIRARD et FLEURENT

Détermination de la richesse approximative en fécule par la mesure de la densité d'un lot de pommes de terre.

La valeur commerciale des pommes de terre destinées à la féculerie, à la distillerie, à l'alimentation du bétail, dépend de leur richesse en fécule, et c'est, par conséquent, d'après cette richesse que leur prix devrait être fixé.

Jusqu'ici, l'agriculture et le commerce, en France du moins, ne se sont guère préoccupés de ce point de vue, mais dans d'autres contrées, c'est toujours d'après leur teneur en fécule que les pommes de terre industrielles et fourragères sont vendues.

Au moment où la culture améliorée de la pomme de terre riche et à grand rendement se développe dans notre pays, il est permis d'espérer que le commerce loyal adoptera cette manière de faire.

Des procédés chimiques qui permettent de doser cette fécule avec précision, il ne saurait être question en cette circonstance; c'est à des procédés physiques, les seuls qui permettent d'opérer rapidement, qu'il convient de recourir.

On admet, en général, qu'il existe un rapport constant entre la densité d'un tubercule et sa richesse en fécule. Cette proposition n'est pas absolument exacte, mais elle se rapproche

DAVID & Cie

Fabrique de Produits et d'Engrais chimiques

à MOUSTIER-SUR-SAMBRE près NAMUR (Belgique)

Acide sulfureux. — Bisulfite de chaux

SULFITES ET BISULFITES DE SOUDE

Soufre raffiné en morceaux chimiquement pur

3986

A. LAVEZZARI

INGÉNIEUR DES ARTS ET MANUFACTURES

49, Rue de Prony, PARIS

Conseil en matières d'appareils à vapeur.— Chaudières, machines, féculerie, glucoserie, amidonnerie, sucrerie, distillerie, brasserie, chauffage, machines frigorifiques, etc....

Etude, Surveillance, Réception de travaux

Analyse et épuration des eaux d'alimentation

4028

CH. EGASSE

CULTIVATEUR

à ARCHEVILLIERS près CHARTRES (Eure-et-Loir)

SPÉCIALITÉ DE SEMENCE de RICHTER'S IMPÉRATOR

Originaire des cultures de M. A. GIRARD de l'Institut Agronomique

Rendements obtenus	40.500 k. en 1890
en grande culture	42.000 k. en 1891
depuis trois années	44.000 k. en 1892

Plant sélectionné....... **12 fr.**   les 100 kilos

Tout venant produit du   sur wagon

plant sélectionné de 1891   **6 fr.**   à CHARTRES.

4030

assez de la réalité pour permettre de déduire de la mesure de la densité d'un lot de pommes de terre sa richesse approximative en fécule.

Pour évaluer cette densité, divers appareils sont déjà à la disposition de l'agriculture et du commerce ; balance hydrostatique de Reinmann, appareil de Stohman, etc.; mais parmi ces appareils, les uns sont d'un prix relativement élevé, les autres d'un maniement délicat, et, par suite, leur emploi ne s'est, jusqu'ici, que fort peu répandu en France. Il en est de même de la méthode qui repose sur l'immersion du tubercule dans des bains d'eau salée de richesse croissante.

Ce serait chose fort désirable, cependant, que de voir, en attendant mieux, l'application de la méthode densimétrique à l'évaluation de la richesse féculente des pommes de terre, se généraliser dans notre pays.

Pour rendre cette vulgarisation plus facile, MM. Aimé Girard et Fleurent ont pensé qu'il serait possible d'adopter des dispositions plus simples que celles proposées jusqu'ici, et d'établir pour la mesure de la densité d'un lot de pommes de terre un appareil d'un prix modeste et cependant d'une exactitude suffisante.

L'appareil qu'ils ont imaginé et dont, avec leur autorisation, M. Digeon a spécialement entrepris la construction (1), est représentée sur la figure 9. Il reproduit, dans des conditions qui assurent l'exactitude du procédé le dispositif classique d'Archimède : la détermination de la densité y repose sur la mesure du volume d'eau déplacé par un kilogramme de pommes de terre ; cette mesure est donnée par la simple lecture d'un vase gradué.

Désigné par ses auteurs sous le nom de *féculomètre pour pommes de terre*, cet appareil comprend, principalement, un seau en fer blanc de cinq litres environ de capacité, portant à

(1) Le prix de l'appareil complet est de 13 fr. 50 ; on le trouve chez M. Digeon, constructeur-mécanicien, 17, rue de Terrage, à Paris.

COMPTOIR AGRICOLE ET COMMERCIAL

9, rue Nouvelle, PARIS

Engrais de l'Usine Municipale de Bondy

POUDRETTE CRIBLÉE, 3 fr. les 100 kil. en vrac

Dosage : 1,25 à 2 d'azote et 2,5 à 3 d'acide phosphorique

TOURTEAUX ORGANIQUES MOULUS

4 fr. les 100 kil. en vrac ou 5 fr. en sacs

Dosage : 1,50 à 2 0/0 d'azote et 4 à 5 0/0 d'acide phosphorique

PHOSPHO-GUANO DE BONDY

10 fr. p. les 100 kil. en sacs

Dosage : 2 à 3 0/0 d'azote et 8 à 10 0/0 d'acide phosphorique

pris par wagons complets en gare de Noisy-le-Sec

SCORIES DE DÉPHOSPHORATION

PHOSPHATES DE TOUS DOSAGES

Engrais composés

4031

On trouve au Bureau du Journal

"LA POMME DE TERRE INDUSTRIELLE"

à ANZIN (Nord)

LES ADRESSES-ÉTIQUETTES

POINTILLÉES & GOMMÉES

1° De tous les **Féculiers de France,** 300 adresses environ, franco par poste...................... **3 00**

2° De tous les **Glucosiers de France** et de l'Etranger, franco par poste................. **1 00**

3° De tous les **Distillateurs agricoles** et industriels de France, 450 adresses environ, franco par poste................................... **4 50**

Ces collections toujours mises à jour sont très commodes pour l'expédition rapide et économique des prospectus, catalogues et échantillons.

la partie supérieure, une hausse évasée, et à l'intérieur duquel peut être logé un panier métallique mobile et d'une légèreté aussi grande que possible. C'est dans ce seau que les pommes de terre, préalablement placées dans le panier, sont descendues, et c'est par la mesure du volume d'eau que les tubercules déplacent alors que doit avoir lieu l'appréciation de la densité.

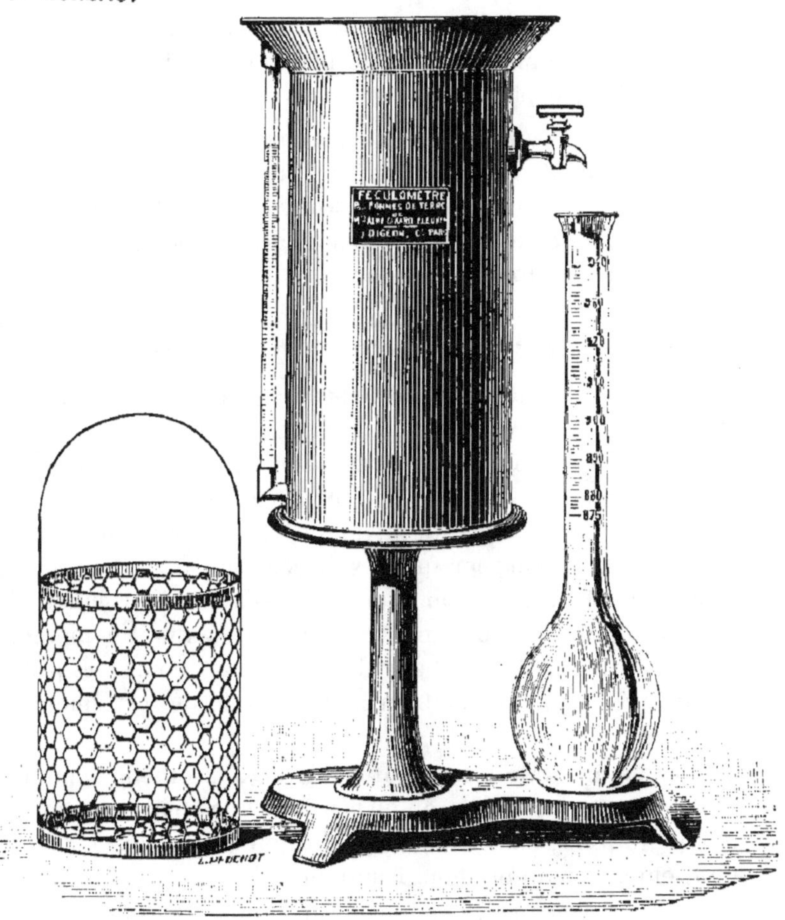

Fig. 9. — Féculomètre pour pommes de terre de MM. Aimé Girard et Fleurent.

Pour éviter les erreurs qu'apporterait nécessairement à la mesure de ce volume la grande surface du liquide contenu dans le seau, MM. Aimé Girard et Fleurent ont disposé latéralement un tube de verre de huit millimètres de diamètre intérieur, destiné à rendre l'observation plus précise; ce tube porte un trait d'affleurement placé un peu au-dessus de l'orifice du robinet par lequel a lieu l'écoulement de l'eau. Dans le même but, ils ont donné à ce robinet une longueur très faible, en même temps qu'un bec horizontal pour atténuer les effets de la capillarité.

Enfin, pour mesurer la quantité d'eau écoulée, ils emploient un ballon jaugé dont le col porte une graduation correspondant à des richesses comprises entre douze pour cent et vingt-cinq pour cent de fécule et d'autant plus grandes que la quantité d'eau écoulée est moins abondante.

En résumé, pour faire usage du féculomètre de MM. Aimé *Girard et Fleurent,* on opère de la façon suivante :

1° Le panier étant logé dans le seau en fer blanc, on remplit celui-ci, jusqu'à un ou deux centimètres au-dessus du robinet, d'eau prise à la température de la pièce où l'on opère; on ouvre le robinet, et on laisse écouler l'eau dans un vase quelconque, en suivant attentivement la descente du niveau dans le tube latéral; lorsqu'on voit celui-ci se rapprocher de la ligne d'affleurement on tourne doucement le robinet, de façon à rendre l'écoulement plus lent et enfin, au moment précis où la ligne de courbure de ce niveau (ménisque) prend contact avec la ligne d'affleurement, on ferme brusquement le robinet.

2° Les pommes de terre ayant été soigneusement échantillonnées, lavées, essuyées, on en pèse sur une balance ordinaire un kilogramme; pour faire l'appoint, on peut, sans inconvénient, employer un ou deux fragments.

3° Le panier est alors soulevé de façon à émerger de l'eau pour la plus grande partie, mais en restant cependant toujours à l'intérieur du seau et dans ce panier on descend une à une en évitant les chocs qui détermineraient la projection de l'eau au dehors, les pommes de terre qui composent le kilogramme pelé.

4° On descend doucement le panier jusqu'au fond du seau, puis on l'agite légèrement et d'un mouvement circulaire de façon à faire remonter à la surface les bulles d'air entraînées.

5° Le ballon jaugé est alors placé au-dessous du robinet ; on ouvre celui-ci, et on laisse écouler l'eau déplacée par le kilogramme de tubercules, en suivant comme lors de la première opération la descente du niveau dans le tube latéral, et en arrêtant l'écoulement au moment précis où, dans les mêmes conditions, l'affleurement se produit.

6° On lit alors sur le col du ballon jaugé la graduation qui corrrespond au niveau de l'eau ; celle-ci exprime, en centimètres cubes le volume d'eau déplacé par le kilogramme de pommes de terre soumis à la mesure. Une table imprimée, jointe à l'appareil donne enfin la richesse centésimale en fécule anhydre qu'indique la lecture de la graduation.

L'appareil qui vient d'être décrit, est depuis dix-huit mois en fonctionnement dans le laboratoire de M. Aimé Girard, au Conservatoire des Arts-et-Métiers ; deux chimistes attachés à ce laboratoire, MM. Dagaud et Pinaudier ont, à son aide, exécuté plusieurs centaines de mesures et toujours, l'essai répété deux fois sur le même kilogramme de pommes de terre a donné des nombres concordants, à un centimètre cube près ; on peut donc être sûr de son exactitude à 0,2 ou 0,3 0/0 de fécule. C'est là, pour les transactions commerciales auxquelles la pomme de terre industrielle et fourragère peut donner lieu, une approximation largement suffisante.

DÉTERMINATION
De la densité et de la teneur en fécule des Pommes de terre au moyen du Féculomètre Dupont

La teneur en fécule de la pomme de terre est très variable; elle oscille entre 12 et 30 0/0 suivant les variétés et même suivant les tubercules d'une même variété.

L'industriel, féculier ou distillateur, a donc un grand intérêt à acheter cette matière première suivant sa richesse, comme le fabricant de sucre le fait pour la betterave.

Mais de même que pour la betterave on a préféré, en France, du moins, déterminer simplement la densité, au lieu de la richesse saccharine, de même, pour la pomme de terre les industriels paraissent donner la préférence à la densité qui d'ailleurs est en concordance assez étroite avec la teneur en fécule.

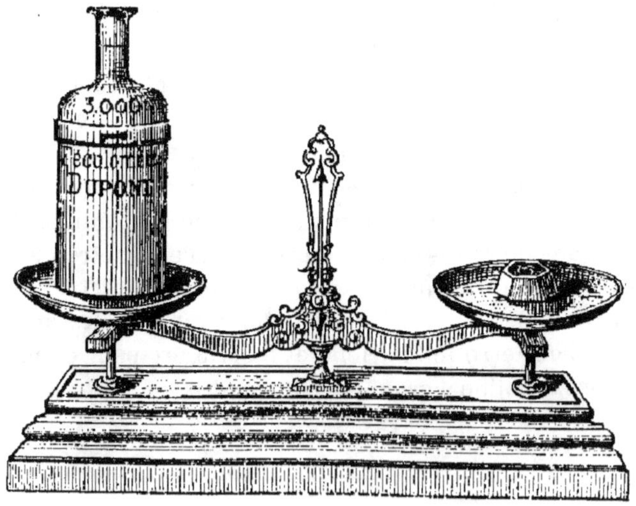

Fig. 10. — FÉCULOMÈTRE DUPONT.

Pour déterminer facilement cette densité, nous avons imaginé un *Nécessaire féculométrique* très simple qui permet d'opérer rapidement sur un kilog. de tubercules à la fois.

Description et mode d'emploi du Féculomètre. — Il est composé d'une balance Roberval de la force 5 k. et d'une carafe jaugée en verre analogue à une carafe à eau frappée, c'est-à-dire coupée en deux et deux litres de capacité environ (fig. 10) (1)

On détermine une fois pour toutes le poids de la carafe pleine d'eau jusqu'au trait de jauge, à 15° C. de température; soit 4 k. ce poids. La carafe étant dévissée, on y introduit 1 k. de pommes de terre, préalablement pesées, on la visse ensuite, en ayant soin de faire coincider les points de repère pour que le volume soit constant, et on la remplit d'eau jusqu'au trait de jauge. On la pèse de nouveau, soit 4 k. 100, le poids trouvé, en d'autres termes, soit 100 grammes l'augmentation de poids. Le poids d'eau déplacé par 1 k. de tubercules est donc de (4 k. $+$ 1) — 4 k. 100 $=$ 0 k. 900. Le poids de 1 litre d'eau à 15° c. étant de 998 gr. 081, le volume occupé par les 0 k. 900 d'eau est donc de $\dfrac{900 \times 1000}{998.081} = 901$ cc. 730. Or, d'après la formule P. $=$ VD, on a pour la densité des pommes de terre soumises à l'expérience $D = \dfrac{P}{V} = \dfrac{1000}{901.730} = 1{,}109$, ou, par abréviation 10°9. Si le poids de la carafe contenant l'eau et 1 k. de pommes de terre avait été de 4 k. 101, c'est-à-dire s'il avait fallu ajouter 101 grammes au lieu de 100, le poids d'eau déplacé par ce kilog. de tubercules aurait été de 899 gr. et la densité serait de 1,110 ou 11°0, après corrections et calculs.

Comme on le voit par ces deux exemples, l'augmentation de 1 gramme dans le poids de la carafe pleine d'eau et de tubercules représente pour ceux-ci une augmentation de densité de 1/10 de degré, ce qui prouve que la méthode a une grande

(1) Le prix de la carafe féculométrique est de 12 fr.

Carafe, balance, poids et tare. Prix : 45 fr.

précision, puisqu'il est facile d'avoir une balance Roberval de 5 kilog. sensible à 1 gramme.

La table reproduite plus loin indique la densité qui correspond à chaque poids.

FÉCULOMÈTRE F. DUPONT.

Table Heidepriem-Dupont indiquant la densité des pommes de terre et leur richesse en fécule.

Poids ajoutés à la tare	Densité	Fécule p. °/°	Poids ajoutés à la tare	Densité	Fécule p. °/°	Poids ajoutés à la tare	Densité	Fécule p. °/°
gr.	degrés		gr.	degrés		gr.	degrés	
65	1.06.7	8.8	90	1.09.6	14.8	115	1.12.7	21.3
66	6.8	9	91	9.7	15	116	12.9	21.7
67	6.9	9.2	92	9.8	15.2	117	13	22
68	7	9.4	93	9.9	15.4	118	13.1	22.2
69	7.2	9.8	94	10.1	15.7	119	13.2	22.4
70	7.3	10	95	10.2	16.1	120	13.4	22.8
71	7.4	10.2	96	10.4	16.5	121	13.5	23
72	7.5	10.4	97	10.5	16.7	122	13.6	23.2
73	7.6	10.6	98	10.6	16.9	123	13.8	23.6
74	7.7	10.8	99	10.7	17.1	124	13.9	23.8
75	7.9	11.2	100	10.8	17.3	125	14	24.1
76	8	11 5	101	10.9	17.6	126	14.2	24.6
77	8.1	11.7	102	11.1	17.8	127	14.3	24.8
78	8.2	11.9	103	11.2	18.2	128	14.4	25
79	8.3	12.1	104	11.4	18.6	129	14.6	25.4
80	8.4	12.3	105	11.5	18.8	130	14.7	25.6
81	8.6	12.7	106	11.6	19	131	14.8	25.8
82	8.7	12.9	107	11.7	19.2	132	14.9	26.2
83	8.8	13.1	108	11.9	19.6	133	15.1	26.4
84	8.9	13.3	109	12	19.9	134	15.2	26.6
85	9	13.6	110	12.1	20.1	135	15.3	26.8
86	9.1	13.8	111	12.2	20.3	136	15.5	27.2
87	9.2	14	112	12.4	20.7	137	15.6	27.4
88	9.3	14.2	113	12.5	20.9	138	15.8	27.8
89	9.5	14.6	114	12.6	21.1	139	15.9	28
						140	16	28.3

Correspondance entre la densité et la teneur en fécule. — Plusieurs chimistes, notamment en Allemagne, ont déterminé la concordance existant entre la densité et la teneur en fécule des tubercules. Mais les diverses tables publiées par Mœrcker, Behrend, Morgen, Heidepriem, Balling, Holdefleiss, etc., sont loin d'être d'accord entre elles. Cela tient probablement aux méthodes d'analyses employées pour le dosage de la fécule.

Nous avons fait l'année dernière et cette année, sur la pomme de terre *Richter's Imperator*, un grand nombre d'essais pour déterminer cette concordance en dosant la fécule par la méthode Baudry, et déterminant la densité avec notre carafe; les résultats auxquels nous sommes arrivés, notablement inférieurs à la table de Mœrcker, la plus usitée cependant, concordent presque parfaitement avec celle de Heidepriem. Nous avons donc adopté cette dernière en lui faisant subir quelques légères modifications.

F. DUPONT.

LIQUEUR INALTÉRABLE

pour conserver indéfiniment les types de pommes de terre

M. J. Surelle, chimiste du Laboratoire municipal à Orchies (Nord), a découvert une liqueur inaltérable pour conserver indéfiniment les types des pommes de terre.

L'alcool généralement employé comme agent de conservation a le grand désavantage de se colorer, puis de rabougrir au bout de peu de temps les objets qui lui sont confiés.

La liqueur Surelle ne se colore pas et elle laisse aux tubercules les formes premières naturelles.

Les agriculteurs ou agronomes producteurs de pommes de terre peuvent ainsi exposer chez eux les types les plus beaux de leurs variétés. Ceux-ci constitueront pour ainsi dire un catalogue vivant de leur production qui sera sans doute plus intéressant à examiner que le catalogue imagé qu'ils présentent aux clients venant visiter leurs exploitations agricoles.

DOSAGE DE L'AMIDON DANS LES LEVURES PRESSÉES

Par D. Sidersky

———

La levure pressée renferme presque toujours des quantités variables d'amidon dont le dosage, par la méthode de la saccharification et transformation en glucose, n'offre pas la certitude exigée.

Nous proposons d'employer dans ce cas la méthode suivante, basée sur le principe indiqué par M. Baudry pour le dosage de la fécule dans les pommes de terre.

On pèse 5 grammes 37 de levure qu'on introduit avec 60 cent. cubes d'eau dans une fiole jaugée de 100 cent. cubes. On y ajoute 0 gr. 50 d'acide salicylique et l'on fait bouillir pendant une heure. Tout l'amidon se dissout dans la liqueur acide. Après refroidissement, on ajoute de l'eau, 1 cent. cube d'ammoniaque, et l'on parfait avec de l'eau le volume de 100 cent cubes ; on agite et on filtre. Le liquide filtré est examiné au saccharimètre Laurent qui indiquera directement le tant pour 100 d'amidon.

Le pouvoir rotatoire de l'amidon soluble étant 3,01 fois plus grand que celui du sucre de canne, la prise d'essai est évidemment de $\dfrac{16 \text{ gr. } 19}{3.01} = 5 \text{ gr. } 37$.

L'un de nos collègues, M. E. Silz, a essayé ce procédé qui lui a donné d'excellents résultats.

ANALYSES DE DEXTRINES

Par Dʳ Reinke (1)

La dextrine n'est pas toujours fabriquée de la même manière, c'est pourquoi aussi sa composition chimique varie parfois considérablement. Sa teneur en eau n'est pas constante ; la proportion de sucre va de 1-5 p. 100 ; celle des substances solubles varie entre 35 et 85 p. 100, celle des cendres entre 0.28 et 3 p. 100. Le tableau suivant montre combien varie la composition des dextrines, évidemment suivant les emplois qu'elle peut avoir dans l'industrie.

Dans un échantillon on a trouvé une importante proportion de fécule vitrifiée, de sable, de charbon, de fibres végétales, de matières ferrugineuses.

Une des dextrines renfermant 15.13 p. 100 d'eau avait le même emploi dans l'apprêt que les autres dextrines exemptes de sels et contenant moins d'eau, quoique à en juger par la solubilité et la structure de la fécule, elle n'avait pas subi une transformation bien avancée.

Un échantillon d'amidon grillé (léïcome ou léïogomme) avait une coloration jaunâtre, un autre une coloration jaune brun ; le premier accuse au contact avec l'iode une réaction bleu violette, le second une réaction rouge-brune. L'un renfermait de l'acide nitrique et des grains d'amidon de maïs principalement de structure normale, non désagrégés, l'autre n'était pas acide et provenait de fécule de pommes de terre entièrement désagrégées.

(1) *Zeitschr. f. Spiritusind.*, 1892, nᵒ 18.

DÉSIGNATION	Eau p. 100	Soluble à 15° C	Sucre p. 100	Acidité c. c. de liqueur de soude normale employée par 100 gr.	Cendres p. 1C0	REMARQUES — Nature de l'acidité
Première qualité..	9.44	70.20	3.64	1.29	0.35	Blanche-jaunâtre, acide azotique.
Première qualité..	9.65	70.15	4.75	1.27	..	Blanche, acide azotique.
	9.82	59.05	..	2.20	0.28	Jaunâtre, acide azotique.
	15.13	35.55	..	4.00	2.36	Granulée, acide azotique. / Acide sulfurique, chlorure, magnésie.
			2.29	3.00	..	Jaune, acide azotique.
			3.54	2.00	..	Jaune, acide azotique.

LE NOIR ANIMAL NEUF EN GLUCOSERIE

Le noir neuf ne peut pas être employé en glucoserie parce qu'il renferme des *alcalis* ou des sels alcalins.

Les os qui servent à la fabrication du noir animal renferment une quantité plus ou moins grande de substances organiques, lesquelles laissent après calcination une matière saline composée en grande partie de carbonate de potasse et même d'alcalis libres par suite de réactions qu'il serait trop long d'énumérer ici.

Or on sait qu'un des réactifs sensibles pour reconnaître le *glucose*, c'est la potasse (ou un alcali) qui chauffé avec les solutions contenant du glucose, produit une coloration plus ou moins intense allant jusqu'au brun très foncé suivant la proportion de glucose.

Donc, on ne peut se servir du noir neuf en glucoserie, parce que le sirop, généralement acide, peut être saturé par l'alcalinité du noir, et si le sirop devient alcalin à la cuisson, on aura un produit coloré depuis le jaune très clair jusqu'au jaune paille, etc.

Le remède est tout indiqué.

C'est de laver le noir neuf avec une eau légèrement acidulée par l'acide chlorhydrique soit dans le filtre, soit dans les appareils de revivification.

Généralement on passe le noir neuf dans les cuves à revivifier le noir ayant servi, absolument comme s'il avait été en service.

Il faut bien s'assurer que l'alcalinité du noir neuf a été enlevée, en broyant 20 gr. de noir neuf lavé à l'acide, et en le faisant bouillir. On filtre et on examine le liquide au moyen du papier neutre de tournesol de Pellet.

Si le liquide est encore légèrement alcalin, le noir doit être remis au lavage acide.

Lorsque des sirops se sont colorés par le fait de l'emploi du noir neuf, on peut les décolorer légèrement par l'addition d'une légère quantité d'acide azotique.

Environ 200 grammes d'acide azotique par 10 litres d'eau et ajouter à la valeur d'une cuite de 15 à 20 hectolitres.

Mais on n'obtient pas le sirop aussi blanc, que si le noir neuf avait été traité comme il est dit ci-dessus.

Après tout traitement à l'acide, le noir doit être lavé avec beaucoup d'eau vour enlever le phosphate de chaux solubilisé par l'acide.

Ce phosphate de chaux, *même en très petite* proportion, est entraîné et dissout par le sirop de glucose toujours légèrement acide, et à la cuisson le sirop très clair donne une masse légèrement trouble.

Ce trouble souvent ne se manifeste qu'après quelques jours par le refroidissement.

On doit, par précaution, employer *toujours l'acide* nitrique dans les proportions indiquées ci-dessus ; on évitera également le jaunissement des sirops lors du refroidissement.

H. PELLET.

DE L'ANALYSE DES GLUCOSES DE COMMERCE
par D. SIDERSKY

Quelque soit le glucose commercial soumis à l'analyse, qu'il soit en pains ou en sirop, on a toujours affaire à un produit renfermant à la fois du dextrose et de la dextrine, quelquefois aussi du mallose. On conçoit bien que le dosage du dextrose devient compliqué, les matières qui l'accompagnent partageant certaines propriétés physiques et chimiques de celui-ci.

Essai saccharimétrique. — On pèse 20 gr. 32 de matière que l'on dissout dans environ 60 centimètres cubes d'eau et l'on fait bouillir la solution pendant quelques minutes, afin d'éviter le phénomène de birotation. Après refroidissement on clarifie avec quelques gouttes de sous acétate de plomb si le produit est coloré, on ajoute ensuite de l'eau pour parfaire un volume jaugé de 100 centimètres cubes, on rend le liquide homogène, on filtre et l'on observe au saccharimètre Laurent.

Pour les glucoses cristallisés, la lecture saccharimétrique indiquera directement la teneur en dextrose pour 100 de matière.

Dans les glucoses renfermant de la dextrine la lecture saccharimétrique indiquerait un résultat exagéré; on dosera alors le dextrose par la réduction cuivrique.

Essai de réduction cuivrique. — La présence de la dextrine et quelques produits secondaires de la saccharification rend inexacte la méthode gravimétrique, car en présence d'un excès de liqueur cuivrique ces matières réduisent un peu de cuivre.

Il est plus exact de doser le dextrose par la méthode volumétrique de Violette, en opérant sur une dissolution de 1 pour 100 de glucose. On fait d'abord un essai préliminaire avec 1 centimètre cube de liqueur cuivrique, afin de connaître approximativement le volume de la dissolution nécessaire pour décolorer un volume connu de liqueur cuivrique. Ensuite on opère sur 10 centimètres cubes de liqueur cuivrique en ajoutant à la fois la presque totalité de la solution sucrée nécessaire à la décoloration, et l'on titre de la manière connue.

La teneur en dextrose étant connue, on la défalquera du chiffre observé au saccharimètre et le restant de la polarisation, multiplié avec 0.27, donnera la teneur en dextrine.

Dosage du maltose. — Le maltose se trouve quelquefois dans les sirops de glucoses.

Pour en tenir compte on fait usage du *procédé Wiley*, que nous avons décrit dans notre « *Traité d'analyse des matières sucrées* » (p 352 — 354) et qui repose sur le fait que le dextrose et le maltose sont entièrement détruits par le cyanure de mercure employé en excès, tandis que la dextrine reste intacte.

On fait d'abord un essai saccharimétrique et un essai à la liqueur cuivrique, comme nons venons d'indiquer. On traite ensuite une dissolution du sirop (25 gr. dans 100 cc.), avec une solution contenant 120 gr. cyanure de mercure et 25 gr. hydrate de potasse par litre, en employant cette dernière en excès.

Les dextrose et maltose étant détruits, la polarisation de la liqueur indiquera la dextrine, chaque degré du saccharimètre Laurent étant = 0 gr. 055 de matière. On défalque cette polarisation de la première et l'on a la polarisation accusée par le dextrose et le maltose. Or, le pouvoir rotatoire spécifique du dextrose étant de 53, celui du maltose 138.3, on posera l'équation

$$P = 53\ D + 138.3\ M \quad . \quad . \quad (1)$$

dans laquelle P = polarisation, D = dextrose et M = maltose.

Comme le pouvoir réducteur du maltose étant = 0.65 de celui du dextrose, la réduction cuivrique (R) donnera l'équation

$$R = D + 0.65\ M \quad . \quad . \quad . \quad (2)$$

Avec ces deux équations il est facile de trouver les valeurs respectives de D et M. Nous aurons alors

$$M = \frac{P - 58\ R}{103.85}$$

et

$$D = R - 0.65\ M$$

Recherche qualitative de la dextrine.

Pour déceler la présence de petites quantités de dextrines, on fait une dissolution de glucose à 25 pour 100 et l'on traite un volume de la solution avec quatre volumes d'alcool à 95° G. L. La dextrine, rendue insoluble se précipite et trouble le liquide. Ce précipité se colore en rouge par une solution d'iode.

L'insolubilité de la dextrine dans l'alcool peut quelquefois servir pour la séparation quantitative de celle-ci; mais il n'est pas commode d'obtenir, dans ces conditions, la dextrine assez pure, car l'alcool précipite en même temps quelques impuretés.

D. SIDERSKY,
Ingénieur-Chimiste,
74, rue J.-J. Rousseau, PARIS.

De l'influence de l'acide fluorhydrique
en distillerie de grains et pommes de terre.

Par M. A. POTTIEZ.

Dans le travail ordinaire des grains, l'acidité initiale est en moyenne de 1 gr. 5 (en acide sulfurique par litre) et elle augmente jusqu'à 4 gr. ou environ, au moment où la fermentation touche à sa fin.

Le rendement en alcool absolu en flegmes varie généralement de 32 à 34 litres au maximum par 100 kil. de tous grains, maïs et orge, mis en œuvre, en admettant des grains de bonne qualité marchande.

Avec l'acide fluorhydrique, l'acidité initiale étant de 1,5 monte généralement jusqu'à 2,5 à 2,8.

De plus, si l'on compare les deux vins produits dans les mêmes conditions et si, après en avoir chassé l'alcool par ébullition, on les refroidit pour les ramener finalement à leur volume primitif, on constate que la vinasse à l'acide fluorydrique donne en moyenne un à deux degrés Balling de moins que la vinasse du travail ordinaire.

Cet extrait en moins correspond évidemment (et il est facile de s'en assurer par l'analyse), à une certaine proportion de dextrine, qui a disparu parce que, grâce à l'influence préservatrice de l'acide fluorhydrique, la diastase a pu se conserver et continuer à agir sur elle pendant la fermentation.

Au microscope le caractère de chaque travail est nettement tranché, et tandis que le mode de faire ordinaire développe toujours les ferments lactique et butyrique, l'acide fluorhydrique n'en accuse aucune trace sensible.

En résumé, dans ces conditions, le rendement s'élève de la moyenne de 33 litres, citée plus haut, à 36 et 37 litres d'alcool absolu par 100 kil. de tous grains crus mis en œuvre.

Naturellement, comme l'acidité développée est très sensiblement moindre, la pureté des flegmes est plus grande.

Ces résultats obtenus dans la fermentation des céréales, s'appliquent également au travail de la pomme de terre, et il y a un point particulièrement intéressant à signaler en ce moment, où cette culture tend à prendre en France un grand développement.

En effet, l'acide fluorhydrique, dans une usine bien conduite, permet d'arriver à un rendement qui peut atteindre 62 litres d'alcool absolu par 100 kil. d'amidon, rentrant dans le travail de saccharification.

Nous pourrions, par exemple, citer tel distillateur français, qui avec de la *Richter's Imperator* à 22 p. 100 d'amidon en moyenne, a obtenu dans les deux dernières campagnes 13 litres 5 d'alcool absolu, par 100 kil. de pommes de terre.

Ces tubercules provenaient de terres blanches de la Champagne pouilleuse, presque dépourvues de terre végétale et qui convenablement fumées, donnaient facilement 20,000 kilos à l'hectare, soit 27 hectolitres d'alcool à l'hectare, c'est-à-dire un rendement peu inférieur à celui de la moyenne de nos bonnes terres à betteraves !

Grâce à la pureté de la fermentation, les flegmes sont d'une telle qualité que le rectificateur qui lui imposait autrefois une réfaction de 3 fr. à l'hectolitre, lui accorde aujourd'hui une prime de 2 fr., différence qui lui constitue un boni de 5 fr. sur la qualité du produit seulement, en laissant de côté la question du rendement.

COURROIES EN COTON
DURAND FRÈRES, au Val-d'Ajol (Vosges)

CHAPITRE III.

APPAREILS ET PROCÉDÉS DE FABRICATION

DESCRIPTION D'UNE NOUVELLE FÉCULERIE

La Féculerie de Beaulieu près Loches

L'industrie des fécules et des amidons, longtemps languissante et arriérée en notre pays, semble depuis quelques années, reprendre un nouvel essor et reconquérir le rang qui lui appartient parmi les fabrications auxquelles on peut songer dans nos grandes exploitations agricoles.

Est-ce à l'établissement de droits élevés : 5 francs sur les blés, 3 à 8 francs sur les maïs et les riz, 12 à 18 francs sur les fécules et les amidons qu'il convient d'attribuer cette prospérité renaissante? Cela ne peut faire de doute.

La protection douanière a contribué à redonner la vie à cette industrie si bien appropriée à notre culture nationale, et, d'un autre côté, les progrès réalisés dans la culture des pommes de terre et leur traitement mécanique à l'usine ont également contribué dans une large mesure à déterminer la construction de féculeries et d'amidonneries nouvelles pourvues d'un matériel notablement perfectionné.

L'industrie de la féculerie compte maintenant deux organes spéciaux qui font connaître au public les inventions nouvelles, les travaux de nos ingénieurs, les belles et intéressantes études de MM. Aimé Girard, Bardy, Boiret. L'achat de la pomme de terre à la densité, démontré possible par ce dernier auteur, déterminera, lorsqu'il sera adopté en féculerie, les mêmes progrès que le mode d'achat identique pour les betteraves a contribué à faire faire à la sucrerie.

La féculerie de Beaulieu, près Loches, établie cette année même par M. J. Hignette, ingénieur des Arts et Manufactures, comprend tous les perfectionnements les plus récents, les appareils les plus perfectionnés, et peut être considérée à juste titre comme le type d'une usine modèle et rationellement disposée.

L'initiative de l'établissement de cette industrie à Loches est due à M. Muller, député d'Indre-et-Loire. M. Muller a déjà rendu d'importants services à son département, et il vient, par cette création d'une usine qui lui appartient, encourager l'agriculture régionale en lui fournissant de nouveaux débouchés pour un des produits de son sol arable.

Le travail dans la fabrication de la fécule comprend quatre phases :

1° Le nettoyage des pommes de terre ;
2° Le broyage, suivi de la séparation des pulpes ;
3° La purification de la fécule ;
4° La dessication.

Le nettoyage des pommes de terre se fait avec beaucoup plus de soins qu'autrefois. L'emploi d'une vis élévatrice dans laquelle une pluie continue d'eau exécute un premier lavage, puis l'usage des laveurs à bras et d'un épierreur tournant rapidement (75 tours), permettent d'envoyer à la râpe des tubercules d'une propreté telle que toute traces de terres ou de pierres ont disparu, et que le désablage autrefois pratiqué, devient inutile aujourd'hui.

On en est revenu, pour le broyage, à la râpe à denture externe, mais on a ajouté autour du cylindre broyeur une enveloppe en tôle de cuivre perforée, placée à une très faible distance du tambour; la matière, réduite en bouillie, sort seule par les très petites fenêtres de l'enveloppe, et les portions non broyées ne peuvent s'échapper.

La pulpe est fine et homogène, et l'on évite ces talons ou ces semelles, ces parties de pommes de terre inattaquées dont la présence en quantité trop forte nécessitait souvent en pratique un deuxième râpage.

Après le passage aux tamis, tamis à extraire et tamis à repasser, les pulpes sont envoyées à la presse continue, afin d'en séparer les eaux qui retournent aux tamis. Les fécules, délayées, sont reprises par des pompes, qui versent la bouillie pâteuse dans les bacs à blanchir ou à dégraisser.

Après un soutirage qui élimine les gras de fécule et les petits sons, la fécule passe au tamis à blancs, puis au bac à blanchir.

Ce dernier appareil remplace les anciens plans inclinés, C'est un long bac en tôle de 12 mètres de long sur 2 mètres de large. Une des petites parois de ce bac est mobile autour de l'arête horizontale inférieure prise comme charnière, de sorte que la capacité totale, variable à volonté, est d'autant plus grande que la paroi est plus relevée. La boue de fécule arrive par une extrémité, la fécule se dépose et l'eau en excès se déverse par-dessus l'arête de la paroi mobile.

La couche de fécule va donc en s'accumulant, et c'est pendant la période de ce dépôt que l'on surveille la surface du précipité et que l'on enlève les matières étrangères ou malpropres qui auraient pu être entraînées dans le travail.

La fécule délayée dans l'eau, subit le blanchiment par le procédé Hermitte, c'est-à-dire qu'on ajoute à la bouillie de fécule verte une certaine quantité d'une solution de sel marin et de chlorure de magnésium ayant subi une électrolyse appropriée; après deux heures de contact, la fécule est blanche et désinfectée.

Semblables lavages peuvent être pratiqués sur les gras et les fécules secondes.

La fécule blanchie subit une première dessiccation par un

Spécialité de semence de Richter's Impérator

Originaire des cultures de M A. GIRARD

Ch. EGASSE, cultivateur à ARCHEVILLIERS près Chartres (E.-et-L.)

EXPOSITIONS UNIVERSELLES DE 1878 & 1889

MEMBRE DU JURY HORS CONCOURS

Officier de la Légion d'Honneur

J. HIGNETTE

Ingénieur-Mécanicien

162 et 164, Boulevard Voltaire, PARIS

INSTALLATION COMPLÈTE

**de Féculeries, Rizeries, Amidonneries de Riz et Maïs
Meuneries, Boulangeries, Laiteries**

INSTALLATIONS A FORFAIT

de Féculeries modèles

NOUVEAU PROCÉDÉ DE BLANCHIMENT DES FÉCULES & AMIDONS

APPAREILS A SUCCION

(Brevetés S. G. D. G)

pour Fécule, Amidon et Substances analogues

NOUVEAU PLAN AUTOMATIQUE

pour blanchir les Fécules et Amidons

Turbines Centrifuges, nouveau système d'Étuvage

APPAREILS DE MOUTURE & BLUTAGE

MOTEURS HYDRAULIQUES & A VAPEUR

2713

passage dans la turbine-essoreuse, et on la sèche enfin à l'étuve continue à toile sans fin. Les entredeux des toiles sont chauffés à la vapeur, et on peut se servir soit de vapeur d'échappement, soit de vapeur vierge, par l'intermédiaire d'un détenteur.

Les vis rafraîchissantes conduisent cette fécule sèche (18 à 20 0/0 d'eau) à un émotteur puis à une bluterie. Il ne reste plus ensuite qu'à ensacher.

M. J. Hignette a disposé, pour actionner tous ses appareils, un moteur hydraulique et une machine à vapeur.

La chute d'eau étant très faible, 80 centimètres environ (le débit variant de 1200 à 2.600 litres), on a adopté comme moteur une turbine à siphon système Leprince. L'amorçage se fait en deux minutes par un éjecteur, et il est curieux de voir cet énorme siphon, de 1m50 environ de diamètre, se remplir sans difficulté en un aussi court espace de temps.

La force hydraulique, qui peut atteindre 18 ou 19 chevaux, est employée à faire mouvoir les appareils marchant continuellement, c'est-à-dire les ateliers de lavage, râpage, tamisage et purification.

Le moteur à vapeur est, au contraire, réservé pour les appareils intermitents qui servent à la dessication, turbines et étuves à fécule.

Il va sans dire que ces deux moteurs peuvent être accouplés au besoin, et qu'en temps normal un quelconque d'entre eux serait suffisant pour faire mouvoir toute l'usine.

Dans cete féculerie, l'eau nécessaire au travail provient d'un puits foré très profondément, elle est fraîche et limpide, qualités qu'auraient été loin de posséder les eaux de la rivière motrice, contaminées par les égoûts des habitations riveraines.

COURROIES EN COTON

DURAND FRÈRES, au Val-d'Ajol (Vosges)

MANUFACTURE FRANÇAISE DE

COURROIES EN COTON

« LA VOSGIENNE »

DURAND FRÈRES

USINE HYDRAULIQUE au VAL-d'AJOL (Vosges)

Coton Amérique pur. — Résistance à la traction double de celle du meilleur cuir. — Fabrication très soignée. — Fonctionnement parfait dans toutes ses applications, à la chaleur, à l'humidité, etc. Livraison immédiate dans les largeurs courantes.

L'emploi de la Courroie en Coton " LA VOSGIENNE " présente une économie de 30 0/0 sur les Courroies en Cuir, et de 50 0/0 sur celles en caoutchouc.   4061

EN VENTE

au Bureau du journal « la Pomme de terre »

22, rue de la Liberté, ANZIN (Nord)

TRAITÉ DE

LA DISTILLATION

DES

Produits agricoles et industriels

PAR

MM. J. FRITSCH et E. GUILLEMIN

avec **90** figures dans le texte

Prix : 8 fr. — Franco par poste : **8.60**

En somme, cette installation si minutieusement étudiée, fait le plus grand honneur à M. J. Hignette, qui reste toujours un des meilleurs constructeurs de nos industries agricoles.

Si les pommes de terre que fournira l'agriculture locale dans ses sols de crétacé supérieur et de tertiaire sont de bonne qualité, ainsi qu'il est permis de l'espérer, la féculerie de Beaulieu, qui a commencé sa première campagne, pourra, avec un travail facile et de faibles frais de fabrication, livrer au commerce des fécules qui compteront au rang des premières marques connues.

(Le Génie Civil)   R. LEZÉ,
Ingénieur des Arts et Manufactures,
Professeur à l'Ecole de Grignon.

Transporteur hydraulique pour Féculeries
et Distilleries de pommes de terre

Ils peuvent se faire soit en maçonnerie, soit en *agglomérés Nothomb*, soit en tôle, comme dans le système *Dolignon*. Pour une féculerie travaillant 2500 kilos de pommes de terre par heure, le transporteur hydraulique peut présenter la section suivante : profondeur 20 cm., largeur 14 cm., fond demi-cylindrique ; pente dans les parties droites 12 $^m/_m$ environ par mètre et dans les parties courbes 15 $^m/_m$. Quantité d'eau pour le transport de 100 kilos de pommes de terre, 1500 litres.

GEORGES GRAS.

COURROIES EN COTON

DURAND FRÈRES, au Val-d'Ajol (Vosges)

FABRICATION DE LA FÉCULE & DE L'AMIDON

D'APRÈS LES

PROCÉDÉS LES PLUS RÉCENTS

Par J. FRITSCH

INGÉNIEUR

Un Volume de 322 Pages, 111 Figures

Prix : 6 Fr., franco par poste : 6 Fr. 50

En vente au Bureau du journal " LA POMME DE TERRE INDUSTRIELLE "

22, Rue de la Liberté, ANZIN (Nord)

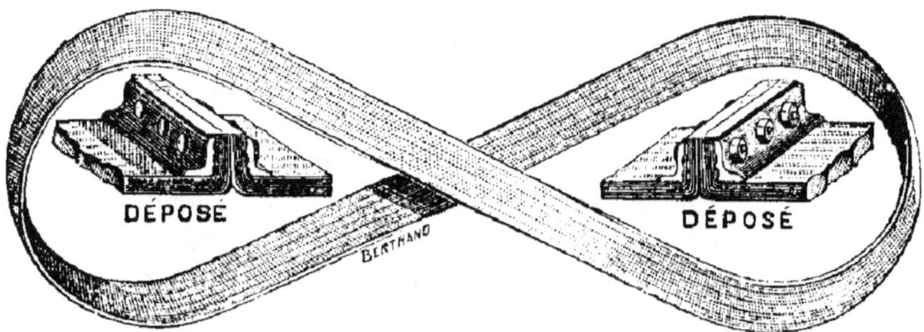

COURROIES EN COTON
Imprégnées, agglutinées et comprimées
résistent à la chaleur, à l'humidité et à l'eau
Les meilleures et les plus durables

G. HOPPENSTEDT, passage des Petites-Ecuries, 9bis, PARIS

4063

Elévateur de Pommes de terre

A la suite d'un transporteur hydraulique on applique dans bien des cas une pompe spirale que l'on appelle *Elévateur Thiéry*, (constructeur : *P. Villette, Lille*) appareil qui relève les pommes de terre au laveur. Il se compose essentiellement d'un ou plusieurs conduits enroulés en hélice sur un tambour faisant un nombre variale de spires selon les conditions du travail. Les pommes de terre et l'eau entrent par une tubulure : le mouvement de rotation du tambour fait cheminer la matière dans les spires jusqu'à la tubulure de sortie, puis la refoule dans la colonne d'élévation qui débouche dans le laveur.

Pour une féculerie travaillant 2500 kilos de pommes de terre par heure l'élévateur Thiéry présente les dimensions suivantes :

Longueur du tambour....	1ᵐ700
Diamètre extérieur	1ᵐ480
Nombre de tours....................	11
Diamètre de la colonne de refoulement	0ᵐ170

Hélices en fonte sur tuyaux en fer

M. Legat de Valenciennes, bien connu déjà dans le monde industriel par ses tuyaux pour chauffage constitués par des ailettes en fonte soudées sur tuyaux en fer, vient d'avoir l'idée d'appliquer son ingénieux système de construction aux hélices de toutes sortes, dont la féculerie, la distillerie, etc., font de si nombreuses applications pour le transport ou l'élévation des pommes de terre, drèches, etc., etc.

COURROIES EN COTON
DURAND FRÈRES, au Val-d'Ajol (Vosges)

Léon LEGAT Fils

INDUSTRIEL

Croix d'Anzin, VALENCIENNES

INSTALLATION COMPLÈTE

de Chauffage et d'Hélices

ÉTUDES & DEVIS

TUYAUX A AILETTES & HÉLICES

EN FONTE

Soudées sur Tuyaux en Fer

Système LEGAT (Brevetées s g d. g.)

HÉLICES pesant 2/3 en moins que celles tout en fonte,
avec solidité aussi grande

Voir « **LA POMME DE TERRE** » nᵒ 5
du 24 juillet 1892

4101

Ce qui caractérise le nouveau genre d'hélices c'est leur extrême légèreté : le transporteur Legat pèse en effet trois fois moins que tout transporteur de mêmes dimensions en tôle et en fonte. Il est simplement constitué par une hélice en fonte fixée par fusion sur un tuyau en fer : les éléments du transporteur sont raccordés au moyen de bagues filetées garnies de manchons à user *(constructeur T. Tiplouse, Anzin).*

Les lames de râpes pour la Féculerie

La lame de râpe est un des outils les plus importants pour la Féculerie.

Voici comment nous l'avons vu fabriquer chez MM. Moreau frères, constructeurs à Valenciennes (Nord).

La matière première est un acier fondu anglais très résistant. Elle se présente sous forme de feuilles de tôle d'une épaisseur variant de 1 millimètre à 1 millimètre et demi selon les pièces à fabriquer.

Une *cisaille* à vapeur découpe ces feuilles en longueur et largeur des divers modèles de lames de râpes.

Les dimensions étant obtenues, les lames sont *épaulées* puis *dentées* au moyen de *découpoirs* à vapeur : un chariot mobilise les lames : il reçoit 1000 révolutions de poinçon à la minute et chaque révolution produit une dent. A côté de ces découpoirs à vapeur il y a 15 découpoirs à main qui servent à fabriquer certains modèles de lames fines, lesquelles ne pourraient mécaniquement être exécutées d'une façon parfaite. Puis viennent les opérations de la trempe et du recuit.

COURROIES EN COTON
DURAND FRÈRES, au Val-d'Ajol (Vosges)

BLANCHIMENT & DÉSODORISATION

DES FÉCULES & AMIDONS

au moyen des Procédés électro-chimiques

Système HERMITE

Brevetés en France et à l'Étranger

SOCIÉTÉ FRANÇAISE D'EXPLOITATION DES PROCÉDÉS HERMITE

4, rue Drouot, PARIS

4084

La *trempe* se fait au moyen d'un bain d'eau dans lequel sont dissouts certains sels.

Le *recuit* s'opère en humectant d'huile les lames trempées et en y mettant le feu.

Ces opérations de la trempe et du recuit sont très délicates.

La façon de les diriger convenablement est le fruit de longues années de pratique et d'observation.

C'est surtout aux bons soins apportés à la trempe et au recuit qu'il faut attribuer le succès des lames de râpes Moreau, lesquelles se caractérisent par leur résistance et leur parfaite élasticité.

Le *dressage* des lames termine la suite des opérations.

Faisons remarquer que pour obtenir un excellent travail en féculerie il est bon de diviser la pomme de terre en sections excessivement minces, pour cela il est utile d'armer la rape avec des lames à dents *longues, aiguës* et *fines*. Le nombre de dents le plus convenable est celui qui varie de 60 à 75 par décimètre de longueur de lame.

Georges GRAS.

Cônes et Poulies en carton silicaté

Pour les essoreuses et pompes centrifuges et tout organe animé d'une énorme vitesse on emploie avec succès les cônes et poulies en cartons silicieux de MM. *Denis-Lefebvre et C⁰* de Saint-Quentin. Ce carton est à base de silicate et comprimé fortement. Il est d'une dureté remarquable et peut être facilement travaillé au tour où il reçoit un poli qui lui donne l'aspect de l'ivoire. Ce carton fournit un usage allant jusqu'à trois et quatre fois celui du carton ordinaire. Dans les pompes centrifuges on fait usage d'une transmission intermédiaire, l'arbre de cette transmission porte une poulie en carton silicieux qui, par contact, met en rotation un galet en carton silicieux également calé sur l'arbre de la turbine de la pompe.

CH. GALLOIS & F. DUPONT

37, rue de Dunkerque, PARIS

Ingénieurs Conseils de Sucrerie et de Distillerie, Experts près les Tribunaux

LABORATOIRE DE CHIMIE

Commercial, Industriel et Agricole

SPÉCIALITÉS D'ANALYSES

pour la Sucrerie, la Distillerie, la Féculerie et l'Agriculture

ADMISSION D'ÉLÈVES

INSTALLATIONS COMPLÈTES DE LABORATOIRES

RAPES, PRESSES, DENSIMÈTRES, ÉPROUVETTES

pour la densité des Betteraves

APPAREILS

pour les analyses de Pommes de terre

4092

ASSAINISSEMENT DES EAUX RÉSIDUAIRES
DES FÉCULERIES
AU MOYEN D'UN
LIQUIDE ALUMINO-FERRIQUE

Pour assainir et désinfecter les eaux résiduaires des Féculeries, l'*Usine et Cendrière de Chailvet*, par Urcel (Aisne), dont *M. Fischer* est l'administrateur-gérant, préconise l'emploi d'un liquide alumino-ferrique dont voici la composition :

120 à 150 de sulfate d'alumine du commerce ;

40 à 60 de sulfate de peroxyde de fer (correspondant à 120 et 180 kilog. de persulfate de fer à 45) ;

180 à 200 de sulfate de protoxyde de fer (couperose verte).

Les sels de peroxyde de fer et d'alumine précipitent une grande partie des matières organiques contenues dans les eaux résiduaires.

On trouve au Bureau du Journal

"LA POMME DE TERRE INDUSTRIELLE"

à ANZIN (Nord)

LES ADRESSES-ÉTIQUETTES

POINTILLÉES & GOMMÉES

1° De tous les **Féculiers de France**, 300 adresses environ, franco par poste.................... **3 00**

2° De tous les **Glucosiers de France** et de l'Etranger, franco par poste.................... **1 00**

3° De tous les **Distillateurs agricoles** et industriels de France, 450 adresses environ, franco par poste.................... **4 50**

Ces collections toujours mises à jour sont très commodes pour l'expédition rapide et économique des prospectus, catalogues et échantillons.

J. DOLIGNON

Constructeur-Mécanicien à SAINT-QUENTIN (Aisne)

TRANSPORTEUR HYDRAULIQUE MOBILE

FILTRE A SACS A SIMPLE & DOUBLE FILTRATION

pour Glucoseries, etc.

Augmentation de la puissance de Production des Appareils d'Evaporation

SPÉCIALITÉS DE POMPES pour Féculeries et Glucoseries

Représentant pour le Nord des POMPES BURTON

HÉLICES POUR L'ÉLÉVATION DES POMMES DE TERRE

Succursale de la Maison MOREAU frères, de Valenciennes

POUR LAMES DE RAPES DE FÉCULERIE

4090

RENDEMENTS EN FÉCULE

pour 100 kilogrammes de pommes de terre, d'après Saare

TENEUR en FÉCULE ANHYDRE %	PAR UN EXCELLENT TRAVAIL		PAR UN BON TRAVAIL		PAR UN TRAVAIL MÉDIOCRE		PAR UN MAUVAIS TRAVAIL	
	Fécule verte KIL.	Fécule sèche KIL.	Fécule verte KIL.	Fécule sèche KIL.	Fécule verte KIL.	Fécule sèche KIL.	Fécule verte KIL.	Fécule sèche KIL.
25	44.—	26.4	42.7	25.5	40.—	24.—	35.—	21.—
24	42.—	25.2	40.5	24.3	38.—	22.8	33.—	19.8
23	40.—	24.—	38.3	23.1	36.—	21.6	31.—	18 6
22	38.—	22.8	36.5	21.9	34.—	20.4	29.—	17.4
21	36.—	21.6	34.3	20.7	32.—	19.2	27.—	16.2
20	34.—	20.4	32.5	19.5	30.—	18.—	25.—	15.—
19	32.—	19.2	30.3	18.3	28.—	16.8	23.—	13.8
18	30.—	18.0	28.5	17.1	26.—	15.6	21.—	12.6
17	28.—	16.8	26.3	15.9	24.—	14.4	19.—	11.4
16	26.—	15.6	24.5	14.7	22.—	13.2	17.—	10.2
15	24.—	14.4	22.3	13.5	20.—	12.—	15.—	9.—
14	22.—	13.2	20.5	12 3	18.—	10.8	13.—	7.8
13	20.—	12.—	18.3	11.1	16.—	9.6	11.—	6.6
12	18.—	10.8	16.5	9.9	14.—	8.4	9.—	5.4

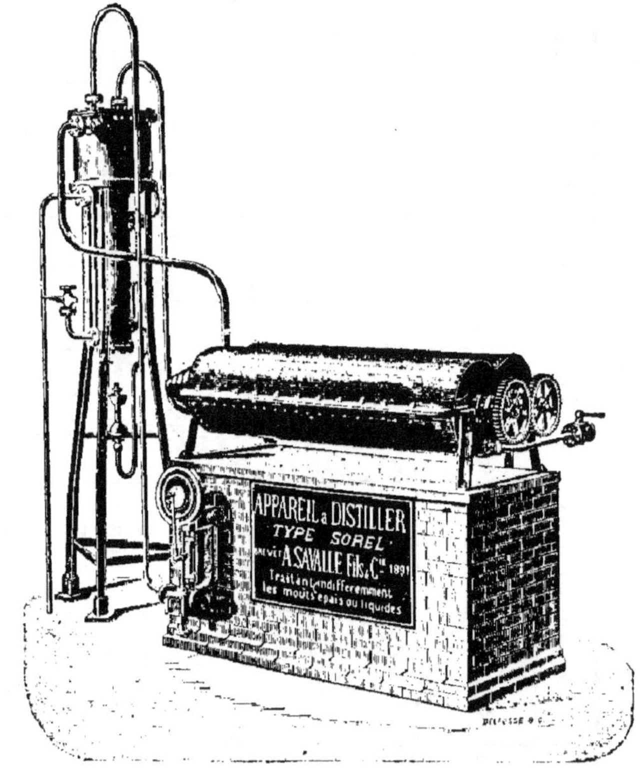

A. SAVALLE Fils & Cie

INGÉNIEURS-CONSTRUCTEURS

93, Avenue d'Orléans, PARIS

INSTALLATIONS COMPLÈTES

D'USINES DE DISTILLATION & DE RECTIFICATION

NOUVEL APPAREIL A DISTILLER HORIZONTAL

TRAVAILLANT A VOLONTÉ

DES MOUTS LIQUIDES OU ÉPAIS

et produisant des Flegmes ou des Alcools à fort degré

APPAREIL HORIZONTAL A DISTILLER, SYSTÈME SOREL

Brevet A. SAVALLE Fils et Cie 1892

Les appareils ordinaires de distillation, à axe vertical et à plateaux munis de barbotteurs sont excellents pour le traitement des liquides clairs, mais se prêtent assez mal au traitement des masses épaisses : il s'y produit des dépôts donnant peu à peu un goût empyreumatique aux flegmes, il en résulte des obstructions et des entraînements mécaniques vers les plateaux supérieurs qui gênent beaucoup le travail d'épuisement. On n'évite que partiellement ces inconvénients, en donnant une plus grande dimension en hauteur et en section aux compartiments et en ménageant des trous de nettoyages. Il en résulte une augmentation de prix très sensible.

On construit également des appareils sans plateau dits colonnes pleines : on y évite, il est vrai, les obstructions, mais la dépense de vapeur y est énorme.

Un inconvénient commun à ces deux types est la grande hauteur de bâtiments qu'ils exigent pour fournir des flegmes à fort degré.

Le nouveau type que la maison Savalle a présenté à l'Exposition de l'Alcool de 1892, diffère totalement des précédents.

Etant horizontal, il peut se loger dans un hangar agricole ordinaire, n'ayant nulle part de recoins où les dépôts puissent se former, il ne peut laisser se produire de croûtes adhérentes : supprimant le barbottage, il ne peut donner lieu à la formation de mousses et aux entraînements mécaniques, présentant un cloisonnement, il permet l'épuisement régulier et continu de l'alcool avec les mêmes quantités de vapeur que

COURROIES EN COTON

DURAND FRÈRES, au Val-d'Ajol (Vosges)

DENIS-LEFÈVRE & CIE

CONSTRUCTIONS ET RÉPARATIONS

(Près de la Gare du Nord)

SAINT-QUENTIN (Aisne)

TURBINES ESSOREUSES

CONES ET POULIES EN CARTON SILICIEUX

BREVETÉS S. G. D. G.

Durée de beaucoup supérieure à celle de cartons ordinaires

CRAPAUDINES, GRAISSEUSES

LAVEURS PERFECTIONNÉS

pour **Pommes de terre**

TRANSPORTEUR BROSSEUR

pour nettoyer et épierrer les pommes de terre

HÉLICES DISTRIBUTRICES

POUR RAPES DE FÉCULERIES

POMPES POUR FÉCULERIES & GLUCOSERIES

4013

l'appareil vertical à plateaux. Il réunit donc les avantages des deux types décrits ci-dessus tout en supprimant les inconvénients propres à chacun d'eux.

Son fonctionnement est basé sur ce qu'un liquide chaud étalé en couche mince au contact avec un courant de vapeur alcoolique se met instantanément en équilibre avec elle, et la vapeur du courant prend la composition de celle qui se dégage du liquide.

Ceci posé, voici sommairement la disposition intérieure de l'appareil.

Un cylindre horizontal est divisé en deux parties par un joint horizontal par l'axe. Chaque moitié est subdivisée en une vingtaine de compartiments, par des cloisons transversales, formant, une fois l'appareil monté, autant de chambres : les cloisons inférieures sont munies alternativement à droite et à gauche d'échancrures permettant la circulation des liquides et d'orifices arrondis pour le passage des arbres.

Un ou plusieurs arbres parallèles à l'axe portent chacun un disque dans chaque chambre, ce disque est muni d'une palette qui passe à une distance très faible des cloisons et du cylindre, de façon à empêcher tout dépôt. De plus, chaque fois que la palette sort du liquide, elle détermine la formation d'une petite vague qui oblige le liquide à passer par dessus l'échancrure de la cloison dans le compartiment suivant.

Il y a donc circulation d'un bout à l'autre sans que les contenus de deux compartiments successifs puissent se mélanger accidentellement.

La vapeur circule en sens contraire du mouvement des liquides : les obstacles présentés alternativement par les cloisons et par les disques la forcent à lécher leurs surface imbibées

---

COURROIES EN COTON

DURAND FRÈRES, au Val-d'Ajol (Vosges)

E. NICODÊME & CIE

212, rue de Paris **LILLE** rue de Paris, 212

AGENCE ET DÉPOT
de la Société anonyme d'Escaut et Meuse

FABRIQUE DE TUBES EN FER ET EN ACIER

pour Chaudières et Canalisation de vapeur,
Tubes avec Brides, Serpentins, etc., etc , Brides pour tubes en fer

Tubes et Raccords en fer, pour gaz, eau et vapeur

Outils pour la pose des Tubes en fer

Thermomètres de diffusion

Sytème Guichard, Bisson et Cie, breveté s. g. d. g.

MANOMÈTRES, HYDROMÈTRES   4020

TISSUS FILTRANTS

SERVIETTES A FILTRES-PRESSES & OSMOS-FILTRES

TISSAGE MÉCANIQUE & A LA MAIN
à HELLEMMES-LILLE (Nord)

P. & M. GENNEVOISE 3552

FECULERIE A CÉDER

Mme Vve **Chauvet**, propriétaire de la **Féculerie d'Antony** (Seine), désire céder son Usine.

Cette féculerie située au centre d'une grande culture a toujours donné des produits très appréciés et très recherchés

(Chemin de fer à l'entrée de l'usine)

de liquide, à en vaporiser l'alcool, en un mot à produire l'épuisement.

Comme le mouvement de rotation est lent, il ne peut se produire d'émulsion et grâce au mouvement des raclettes, toutes les matières sont maintenues en suspension et finale-expulsées.

On a d'abord fait des essais sur un petit appareil de ce système, qui a permis de traiter indifféremment des moûts de mélasse, des moûts de grains par le malt vert très épais, enfin des lies de vin.

L'appareil qui a figuré à l'exposition de l'Alcool, a fonctionné au Raquet chez M. Trannin, député du Nord, sur des moûts de maïs saccharifiés par le malt vert très épais et incomplètement divisés. On a vu à côté de l'appareil une reproduction photographique du certificat dûment légalisé signé par l'honorable député.

Il y a été constaté que malgré les difficultés d'une installation provisoire, le nouveau distillateur continu a épuisé par heure 300 litres de moûts, en donnant des flegmes à 60°, qu'il ne s'est pas engorgé, qu'on a pu l'arrêter douze heures et le remettre en route sans difficulté, enfin qu'un lavage à l'eau, sans démontage, l'a complètement nettoyé.

Au reste, l'appareil a été exposé tel qu'il était à la fin des essais. Les deux moitiés du cylindre étaient séparées pour qu'on en puisse voir l'intérieur.

L'auteur affirme qu'il peut produire avec ce type des alcools à fort degré.

D'après les chiffres ci-dessus, on voit que malgré ses dimensions exiguës, le type exposé peut traiter par 24 heures 7200 litres de moûts, soit clairs, soit épais, ce qui correspond à un travail journalier de 6000 kilogr. de pommes de terre.

A côté, ont figuré les appareils correspondants de cuisson et de saccharification pour le malt, ce qui a permis de juger des dimensions à donner à un atelier agricole correspondant à ce travail.

LABORATOIRE DE CHIMIE INDUSTRIELLE

A. VAN RUTTEN

13, Rue de Mons, **VALENCIENNES**

ÉPURATION DES EAUX CALCAIRES

DESTINÉES AUX

FÉCULERIES, AMIDONNERIES, GLUCOSERIES, DISTILLERIES

et aux Chaudières à Vapeur

Appareil le plus simple, le moins volumineux, le plus
robuste et le moins coûteux,
s'appliquant aux petites exploitations.

Installation depuis 600 Francs
on envoie la notice sur demande affranchie
Analyse gratuite des échantillons d'eaux envoyés en port payé
ÉPURATION RÉMUNÉRATRICE DES EAUX VANNES
Étude de l'Utilisation des Résidus industriels

ANALYSES ET RECHERCHES
relatives à la Féculerie, Amidonnerie, Glucoserie
et Distillerie de Pommes de terre

3767 A.

TISSUS FILTRANTS

SERVIETTES A FILTRES-PRESSES ET OSMOS-FILTRES

TISSAGE MÉCANIQUE & A LA MAIN

à HELLEMMES-LILLE (Nord)

P. & M. GENNEVOISE

3552

De la nécessité d'épurer les Eaux calcaires ou sénéliteuses destinées aux Chaudières à vapeur, Amidonneries, Féculeries et Glucoseries

La nécessité d'épurer les eaux calcaires destinées aux générateurs, n'échappe plus aujourd'hui aux industriels. On préfère, et à raison, prévenir les incrustations que d'avoir à les faire enlever. On conçoit les dangers que ces dépôts font courir, les dépenses exagérées de combustibles qu'ils entraînent. Je ne sais par contre, si l'emploi d'eaux impures en amidonnerie, féculerie, glucoserie, a, d'une façon aussi générale, attiré l'attention des personnes qui exercent ces industries. C'est afin d'ouvrir les yeux sur ce point que nous reproduisons ici quelques lignes extraites du *Manuel-Agenda des Fabricants de Sucre* publié par MM. Gallois et Dupont en 1892...(1)

Eaux destinées aux générateurs. — Les eaux susceptibles de former des incrustations dans les générateurs doivent être épurées. Les substances incrustantes sont : le sulfate de chaux, le carbonate de chaux et la silice.

De ces trois substances le sulfate de chaux est le plus nuisible parce que ses dépôts adhèrent toujours aux tôles des générateurs.

Eaux employées en Féculeries et en Amidonneries. — Les eaux calcaires et séméliteuses doivent être proscrites, parce que les sels calcaires en se déposant sur les produits, leur donnent une saveur désagréable et empêchent l'empois de bien cuire et de prendre tout son liant.

En Glucoserie, les eaux calcaires sont nuisibles également parce que leur dépôt trouble la transparence des sirops.

A. VAN RUTTEN

Chimiste, rue de Mons, Valenciennes.

(1) En vente au bureau du Journal " La Pomme de terre industrielle " prix franco 6,40.

Chaudronnerie en Fer

EUG. DENNIS

Marly-lez-Valenciennes (Nord)

Générateurs tubulaires, semi-tubulaires, Chaudières verticales

LOCOMOBILES

SPÉCIALITÉ DE RÉSERVOIRS EN TOUS GENRES

Tuyaux, Cheminées en tôle, Tôlerie

Réparations de Matériels de Féculeries, Distilleries, Sucreries

2609

HUILES ET GRAISSES INDUSTRIELLES

ERNEST BRAUN

SAINT-QUENTIN (Aisne)

Fabrique RÉELLEMENT les Huiles et Graisses animales, végétales et minérales pour graissage de toutes machines.

Spécialité pour Sucreries, Distilleries, Féculeries, Glucoseries.

Déchets, Chiffons, Amiante, Graisseurs, Vaselines, Chanvres, Mastics, Dégras, etc.

Achat et vente de futailles vides.

4094

LIVRE III

REVUE DE L'ANNÉE

LA REVUE TECHNIQUE
"LA POMME DE TERRE INDUSTRIELLE"

Le premier numéro de cette Revue a paru le 15 mars 1892. Les principaux collaborateurs de cette publication sont :

Albert BAUDRY, directeur-chimiste de la station agronomique de Stépanofka et des sucreries et raffineries de Stépanofka, de Voronovitsa, de Cavalofka, etc., à Stépanofka, Poste Voronovitsa, (Gouvernement de Podolie. — Russie Méridionale).

Florimond DESPREZ, agriculteur, directeur de la station agronomique de Cappelle (par Templeuve Nord).

F. DUPONT, chimiste, secrétaire-général de l'Association des Chimistes de sucrerie et de distillerie de France et des Colonies.

Georges GRAS, ingénieur-sucrier, ancien élève de l'Ecole centrale des Arts et Manufactures, directeur du journal « La Betterave ».

Henry de VILMORIN, agronome à Paris et à Verrières-le-Buisson (Seine-et-Oise).

COURROIES EN COTON

DURAND FRÈRES, au Val-d'Ajol (Vosges)

MAISON O. GEORGES & CIE

54, boulevard Richard-Lenoir, PARIS

CONSTRUCTION SPÉCIALE DE :

APPAREILS-RÉGULATEURS A DÉTENTE

Marche régulière des Machines à vapeur sous toutes les charges garantie

ÉCONOMIE DE VAPEUR — INSTALLATIONS A ESSAI

Pulsomètres dits de précision, B. s. g. d. g.

(INSTALLATIONS A FORFAIT -- LOCATION)

POMPES POUR INDUSTRIES & USAGES DOMESTIQUES

Manomètres, Thermomètres, Compteurs de tours

ROBINETTERIE GÉNÉRALE

APPAREILS DE GRAISSAGE POUR MACHINES ET TRANSMISSIONS

Injecteurs, Elévateurs et Barbotteurs de liquides

PURGEURS AUTOMAT. -- DÉTENDEURS DE VAPEUR

VENTILATEURS (Aération, Séchage, Refroidissement)

CONTROLEURS constatant les rondes des Veilleurs de nuit

POMPES A VAPEUR DOUBLES

A ACTION DIRECTE ET A QUADRUPLE EFFET

Pompes à eau, Pompes à jus
Pompes à écumes (Modèle spécial

ENVOI DU CATALOGUE GÉNÉRAL
Franco sur demande

3871

« Pour la culture de la pomme de terre la voie de progrès
« est aujourd'hui entièrement déblayée, l'élan est donné de
« tous côtés... si rien ne vient contrarier ce mouvement, on
« verra bientôt la culture de la pomme de terre industrielle
« et fourragère en France atteindre un degré de prospérité
« qu'elle n'a jamais connu, que ne connaissent même pas les
« plus habiles parmi nos concurrents de l'étranger.

« Aimé GIRARD. »

...Le sol de France peut produire tout aussi bien que celui
de l'Allemagne de ces excellentes variétés de tubercules
donnant en année moyenne jusqu'à 6000 kilos d'amidon à
l'hectare, ce qui peut correspondre à un rendement industriel
en alcool à 100° de 36 à 37 hectolitres.

...Il faudra faire subir a la culture des pommes de terre
industrielles une révolution semblable à celle qui s'est déjà
opérée pour la culture de la betterave à sucre et ce sera,
comme pour celle-ci la sélection chimique qui amènera le
progrès.

Albert BAUDRY.

La culture de la betterave a fait la richesse d'un grand
nombre de nos régions agricoles ; un avenir non moins brillant
est réservé à la culture de la pomme de terre industrielle.

« *Le succès n'est plus qu'une question de propagande* » a
dit M. Aimé Girard.

C'est à cette propagande que nous nous livrons aujourd'hui
au moyen d'une publication toute spéciale parlant aux
praticiens.

Voilà tout le programme de "La Pomme de terre industrielle. "

Georges GRAS.

POMPES POUR FÉCULERIES, AMIDONNERIES ET GLUCOSERIES

J. DOLIGNON, Constructeur, Saint-Quentin (Aisne)

CAMBRAY & CIE

à ANICHE (Nord) et PARIS, 24, rue de Dunkerque, 24, PARIS

FOUR A SOUFRE pour l'emploi de l'acide sulfureux en Glucoserie

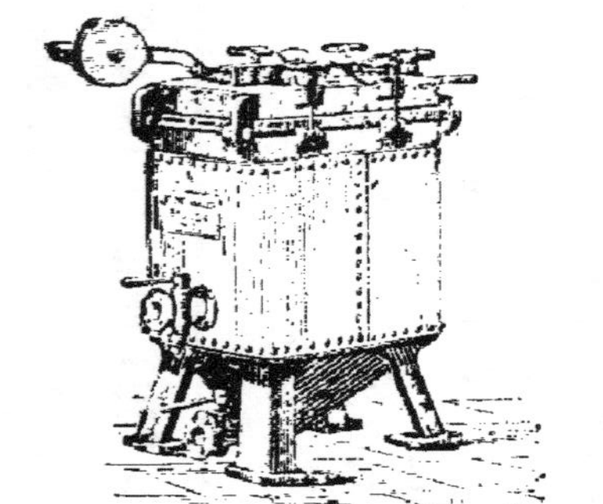

Appareils de laboratoire.
Râpes et Presses à densité.
Fourches à pommes de terre à dents démontables.
Filtre mécanique fonctionnant à simple et à double filtration.
Pompes à jus perfectionnées.
Bourrages métalliques et autres pour presse-étoupes.
Caoutchouc industriel.
Courroies en cuir, croupons.
Courroies en coton, crin, etc.
Pulvérisateur perfectionné.
Graisseurs à huile et à graisse consistante.
Fournitures générales.
Niveau d'eau incassable pour générateurs, etc.

REVÊTEMENTS ISOLANTS en cellulose amorphe et silice pure

4091

REVUE DES BREVETS FRANÇAIS

pris depuis le 1ᵉʳ Janvier 1892 et intéressant la Culture de la Pomme de terre, la Féculerie, la Glucoserie et la Distillerie.

Brevet nᵒ 220003, pris le 9 mars 1892, par M. *Egrot*, pour : « Nouvel appareil de distillation et de rectification continues. »

Brevet 220240, pris le 18 mars 1892, par M. *Aubertin*, pour : « Procédé de production simultanée du glucose ou de l'alcool et des phosphates précipités. »

Brevet 220726, pris le 8 avril 1892, par M. *Fares*, pour : « Procédé de préparation préalable des matières farineuses déstinées à la saccharification acide ou diastasique ou aux préparations d'empois ou de dextrine. »

Brevet nᵒ 220887, pris le 13 avril 1892, par M. *Delory*, pour : « Procédé de traitement de la fécule et autres matières amylacées par l'ammoniaque en vase clos. »

Brevet nᵒ 221061, pris le 21 avril 1892, par M. *Saladin*, pour: « Perfectionnements aux procédés de maltage. »

Brevet nᵒ 221654, pris le 16 mai 1892, par MM. *Bouchot et Chauvet*, pour : « Procédé perfectionné de fabrication de la fécule. »

Brevet nᵒ 221707, pris le 17 mai 1892, par MM. *Schlagenhaufer et Blumer*, pour: « Procédé pour la fabrication de la levure. »

Brevet nᵒ 221774, pris le 27 mai 1892, par M. *Lebeau, à Montmorillon*, pour: « Découverte d'alcool dans la plante du topinambour. »

POMPES POUR FÉCULERIES, AMIDONNERIES ET GLUCOSERIES

J. DOLIGNON, Constructeur, Saint-Quentin (Aisne)

EXPOSITION UNIVERSELLE DE 1889   CROIX DE LA LÉGION D'HONNEUR
MÉDAILLES D'OR ET D'ARGENT

BROUHOT* & Cie

Ingénieurs-Constructeurs, à VIERZON (Cher)

SPÉCIALITÉ DE MACHINES AGRICOLES

Moteurs à Gaz et à Pétrole pour pompes, pétrins mécaniques, électricité, etc., etc.

MACHINES A VAPEUR ET MACHINES A BATTRE

FIXES ET LOCOMOBILES

BATTEUSES MIXTES

Pouvant faire indistinctement le battage et le nettoyage des céréales et des petites graines.

EXPOSITION UNIVERSELLE DE 1878

Deux Médailles d'Or. — Médaille d'Argent

POMPES POUR SUBMERSIONS ET ARROSAGES, PRESSOIRS, MOULINS, ETC.

4050

Brevet n° 221801, pris le 21 mai 1892, par M. *Egrot*, pour : « Nouvel appareil à distiller. »

Brevet n° 221812, pris le 21 mai 1892, par M. *Trottier*, pour : « Système de contrôle automatique et continu de la marche des appareils dans lesquels circulent des fluides à pression et à température variable et utilisable en particulier pour contrôler la marche des appareils distillatoires et mesurer leur puissance productive en alcool pur. »

Brevet n° 221887, pris le 24 mai 1892, par la Société *O. Casteels et C*ⁱᵉ, pour : « Procédés et appareils pour l'épuration continue des alcools. »

Brevet n° 222604, pris le 1ᵉʳ juillet 1892, par M. *Jacquemin*, pour : « Précipitation de l'ammoniaque et de la méthylamine des fumées de distillerie. »

Brevet n° 222913 pris le 13 juillet 1892 par M. *Feres* pour : « Divers moyens, procédés, dispositions et appareils concourant, par l'application de leurs parties ou de leur ensemble, à la rectification et à l'épuration des flegmes et alcools de quelque provenance qu'ils soient, et conséquemment à l'affinage et à la pureté des dits flegmes et alcools. »

Brevet n° 223016 pris le 16 juillet 1892 par M. *Uhland* pour : « Perfectionnements dans les râpes à pommes de terre. »

LAMES DE RAPES et FOURCHES A POMMES DE TERRE

J DOLIGNON, Constructeur, Saint-Quentin (Aisne)

Avantage de l'emploi des glucoses en brasserie

Si le malt et la glucose sont deux matières premières équivalentes au point de vue du produit obtenu, leur rendement n'est pas le même et la différence est tout à l'avantage des glucoses.

En effet, le prix moyen du malt est de 27 fr. p. 100 kilos ; le prix moyen de la glucose (exempte d'impôt) de 35 fr. p. 100 kilos.

100 kil. malt donnent à 5 h. 5 de moût à 4° = 22 degrés-hect.
107 kil. glucose donnent 10 h. de moût à 4° = 40 degrés-hect.
Le moût de malt coûte donc 27 : 22 = 1 fr. 22 le degré-hect.
Le moût de glucose coûte 35 : 40 = 0 fr. 87 le degré-hect.

soit $\overline{0\ \text{fr.}\ 35}$ par degré-hectolitre en faveur des glucoses.

Ce simple rapprochement est concluant.

EN VENTE

au Bureau du journal « la Pomme de terre »

22, rue de la Liberté, ANZIN (Nord)

TRAITÉ DE

LA DISTILLATION

DES

Produits agricoles et industriels

PAR

MM. J. FRITSCH et E. GUILLEMIN

avec **90** figures dans le texte

Prix : **8** *fr.* — *Franco par poste :* **8.60**

FABRICATION DES GLUCOSES
pendant les Campagnes 1882-1883 à 1891-1892

Relevé général des comptes tenus dans les fabriques de glucose pendant les campagnes 1882-1883 à 1891-1892.

CAMPAGNES	NOMBRE DE FABRIQUES	IMPORTANCE de la production	SORTIES DES FABRIQUES A DESTINATION			
			de la consommation	de l'exportation	des entrepôts ou des dépôts autorisés	des brasseries
1	2	3	4	5	6	7
		kil.	kil.	kil.	kil	kil.
1882-83.	24	31.717.983	24.073.291	1.958 681	(a)300.000	3.815.214
1883-84.	27	33.117.247	24.182.975	3.010.359	(a)400.000	3.605.785
1884-85.	25	29.921.214	22.039.610	1.762.356	(a)500.000	4.048.291
1885-86.	27	33.944.281	24.899.587	2.880.013	526.428	3.534.200
1886-87.	23	33.183.986	24.170.389	1.722.208	590.054	4.412.807
1887-88.	23	34.104.079	24.480.301	2.220.984	795.724	3.872.928
1888-89.	24	33.439.989	23.277.409	2.166.240	652.900	4.290.460
1889-90.	22	39.816.476	29.473.029	2.119.616	850.272	5.475.994
1890-91.	23	41.494.243	28.881.016	2.774.901	1.086.716	5.468.693
1891-92.	21	38.223.645	27.997.161	2.718.089	1.435.297	5.842.133

Ce tableau montre la progression croissante de l'emploi des glucoses dans la fabrication de la bière.

(a) Les chiffres inscrits dans la colonne 6, en ce qui concerne les campagnes 1882-1883. 1883-1884 et 1884-1885, ne sont qu'approximatifs.

LABORATOIRE DE CHIMIE INDUSTRIELLE

A. VAN RUTTEN

13, Rue de Mons, **VALENCIENNES**

ÉPURATION DES EAUX CALCAIRES

DESTINÉES AUX

FÉCULERIES, AMIDONNERIES, GLUCOSERIES, DISTILLERIES

et aux Chaudières à Vapeur

Appareil le plus simple, le moins volumineux, le plus
robuste et le moins coûteux,
s'appliquant aux petites exploitations.

Installation depuis 600 Francs

on envoie la notice sur demande affranchie

Analyse gratuite des échantillons d'eaux envoyés en port payé

ÉPURATION RÉMUNÉRATRICE DES EAUX VANNES

Étude de l'Utilisation des Résidus industriels

ANALYSES ET RECHERCHES

**relatives à la Féculerie, Amidonnerie, Glucoserie
et Distillerie de Pommes de terre**

3767 B.

PILES, SONNERIES, TÉLÉPHONES

Lumière électrique Arc, Incandescence

L. QUIVY Fils

Chimiste-Electricien

9, Rue Marceau, ANZIN (Nord)

PRIX MODERES

3966

LIVRE IV

FÉCULERIES FRANÇAISES

avec indications suivantes :

BUREAUX DE POSTE, TÉLÉGRAPHE (EXPRÈS),
TÉLÉPHONE, GARE, DISTANCE APPROXIMATIVE DE LA
FÉCULERIE A LA GARE, QUAI, RAISON SOCIALE,
NOMS DES FABRICANTS, DIRECTEUR,
QUANTITÉ APPROXIMATIVE DE POMMES DE TERRE
TRAVAILLÉES PAR HEURE
ET RENSEIGNEMENTS DIVERS SUR CHAQUE USINE

ABRÉVIATIONS

D. Fab. — Distance ap-
proximative de la fa-
brique à la gare.
R. Soc. — Raison sociale.
Fab. — Fabricant.

Dir. — Directeur.
Q. p. de t. — Quantité approximative de pommes
de terre travaillées par
heure.

N.-B. — Ayant demandé à MM. les Féculiers eux-mêmes de vouloir bien nous communiquer les renseignements nécessaires pour la préparation de notre Annuaire, nous ne pouvons être déclaré responsable ni des erreurs, ni des omissions.

TRANSPORTEUR HYDRAULIQUE MOBILE

J. DOLIGNON, Constructeur, Saint-Quentin (Aisne)

AISNE

ARRONDISSEMENT DE LAON

1. Blérancourt. ✉ ☏ — Gares : *Chauny* ou *Noyon.*
— D. Fab. : 12 kilom. — Quai : *Appilly-Trosly*, à 6 kil.
R. soc. : CORDIER et GRANDEL. — Dir. : *Cordier.*
Q. de maïs : 3.000 kilog
Obs. : Féculerie et Amidonnerie de Maïs.

ARRONDISSEMENT DE SAINT-QUENTIN

2. Hamégicourt. — Poste et télég. : *Moy-de-l'Aisne.*
— Exprès : 2 kilom. — Gare : *Mézières-sur-Oise.*
R. soc. : CARETTE, GODOT et Cie.

ARRONDISSEMENT DE SOISSONS

3. Saint-Christophe-Berry. — Poste, télég. et gare :
Vic-sur-Aisne. — Exprès : 3 kilom.
Fab. : LESCART.

4. Vic-sur-Aisne. — ✉ ☏ — Quai : *Vic-sur-Aisne.*
R. soc. PAMART & Cie.

ALLIER

ARRONDISSEMENT DE LA PALISSE

5. Ande-la-Roche. — Poste et gare : *La Palisse.* —
Télég. : *Montaignet.* — Exprès : 6 kilom.
Fab. : BIÉTRIX CAMILLE. .

6. Arfeuilles. — ✉ ☏.
R. soc. : MOUTET FRÈRES.

CREUSE

ARRONDISSEMENT D'AUBUSSON

7. Aubusson. ⌗ T ✉. — D. fab. : 1 kilom.
R. soc. : SOCIÉTÉ ANONYME DE LA FÉCULERIE
DE LA CREUSE.
Dir. : *Léonard Semblat*, chevalier du Mérite Agricole.
— Q. p. de t. par heure : 2.000 kilog.
Obs. : La féculerie de la Creuse, construite sur les
bords de la Banze, dont les eaux vives assurent une
grande blancheur à ses produits est une usine installée
d'après les derniers perfectionnements ; elle est placée
en outre dans un excellent centre de production pour la
pomme de terre.

DORDOGNE

ARRONDISSEMENT DE SARLAT

8. Terrasson. — ☒ T ⌗.
Fab. : FRAGNE.

EURE-&-LOIR

ARRONDISSEMENT DE CHARTRES

9. Epernon. — ☒ T ⌗.
Fab. : DECAMP.

10. Illiers. — ☒ T ⌗.
Fab. : THIREAU FILS.

FILTRES POUR SIROPS ET GLUCOSES

J. DOLIGNON, Constructeur, Saint-Quentin (Aisne)

HAUTE-SAONE

ARRONDISSEMENT DE LURE

11. Breuches. — ✉ ☏ — Gare *Luxeuil.* — **D. fab.** :
4 kilom.

R. soc. : BRUEDER et Cie. — Dir. : *Fx. Creusot.*
Q. p. de t. : 1.500 kilog.
Obs. : 6.000 sacs fécule 1re et supérieure par année.

12. Breuches. — ✉ ☏ — Gare : *Luxeuil.*
Fab. : PERRIN-CLAMILLE.

13. Breuchotte. — Poste et télég. : *Raddon.* —
Exprès : 1 kilom. — Gare : *Luxeuil-les-Bains.* — D. fab.:
8 kilom. 5.

Propriétaire : Vve G. FOREL. — Dir.: *Jos. Forel*
Fabricants-Locataires : JUILLARD et MÉGNIN à
Epinal.
Q. p. de t. : 600 kilog.

14. Chapelle-lez-Luxeuil (La). — Poste et gare :
Luxeuil. — Télég. : *Breuches.* — Exprès : 5 kilom.
Dir. : *Faivre Ernest.*
Q. p. de t. : 700 kilog.

15. Citers. — ✉ 🖳 — Télég. : *Luxeuil.* — Exprès :
10 kilom.
Fab. : GROSS ED.

16. Froideconches. — Poste, télég. et gare: *Luxeuil.*
— Exprès : 4 kilom.
Fab. : DECHAMBENOIT.

17. Froideconches. — Poste, télég. et gare: *Luxeuil.*
— Exprès : 4 kilom.
Fab. : PERRIN.

18. Selles. ⊤ — Poste : *Vauvillers*. — Gare : *Passavant*.
D. fab. : 5 kilom. — Quai : *Selles* (Canal de l'Est).
Fab. : MERCIER-DUFOUR.
Q. p. de t. : 800 à 900 kilog.
Obs.: Féculerie marchant sans interruption depuis 1860.

19. St-Germain. ⎫
20. La Côte. ⎬ Fab. : DAVAL CONSTANT.
                      ⎭
Poste, télég., quai et gare : *Lure*. — D. fab. : 3 kilom.
Fab. : DAVAL CONSTANT. — Dir.: *Daval Auguste*.
Q. p. de t. par 24 heures : 800 hect.
Obs.: Les féculeries de Saint-Germain et de la Côte,
construitent l'une sur l'*Ognon* dont les eaux vives assurent une très grande blancheur à ses produits et l'autre
sur le *Rahin*, eaux claires et fraîches, sont installées
d'après les derniers perfectionnements.

21. Vouhenans. — Poste, télég. et gare : *Lure*. —
Exprès : 5 kilom.
Fab.: GROSS ED.

ARRONDISSEMENT DE VESOUL

22. Gevigney-et-Mercey. — Poste : *Jussey*. — ⊤. —
Gare : *Montureux-lez-Baulay*.
Fab.: JACQUINOT.

23. Passavant. — ✉ ⊤ 🚂.
Fab.: FORT.

HAUTE-VIENNE

ARRONDISSEMENT DE LIMOGES

24. Limoges. — (Féculerie du moulin des Courrières)
— ✉ ⊤ 🚂.
Fab.: THIBAUT.

ARRONDISSEMENT DE SAINT-YRIEIX

25. **Coussac-Bonneval.**— ✉ 🕾 ▦.
Fab.: CLAUDIN.

INDRE-ET-LOIRE

ARRONDISSEMENT DE LOCHES

26. **Loches.**— (Féculerie Lochaise).— ✉ 🕾 ▦.
D. fab.: 1 kilom.
R. soc.: BRACHERIAU ET Cie.
Q. p. de t. : 2500 kilog.
Obs.: La féculerie Lochaise construite sur la rivière de l'Indre possède une eau de source très abondante ce qui lui assure une fabrication de qualité supérieure ; elle est placée en outre dans un excellent centre de production.

Les directeurs de cette importante usine qui fabrique annuellement de 6 à 8.000 sacs ont adopté un système particulier de fabrication qui joint à leur excellent outillage leur permet de livrer des fécules pouvant lutter avantageusement avec les premières marques allemandes.

Ces fécules sont très recherchées dans la papeterie de luxe et les beaux tirages.

LOIRE

ARRONDISSEMENT DE MONTBRISON

27. **Beaurevers.**— Commune de **Mornand**.— Poste, téleg. et gare : *Montbrison*.— Exprès : 10 kilom.
Prop.: CHAREYRE et Cie, 5, quai de l'Archevêché Lyon (Rhône).
Féculerie en chômage depuis 1886.

28. **Boën-sur-Lignon.**— ✉ 🕾 ▦.
R. soc.: REYMOND et Cie.

29. Feurs.— ☒ T 🚂.
R. soc.: NIGAY et Cie.

30. Fonfort (La).— Poste, télég. et gare ; *Saint-Gatmier*.
R. soc.: DURRET FRÈRES.

31. Magneux-le-Gabion.— Poste et télég.: *Meylieu-Montrond.*— Exprès : 6 kilom.— Gares : *Montrond* et *Feurs.*— D. fab.: 6 à 8 kilom.
Fab.: JOSEPH GAUDET.
Q. p. de t.: 6.000 kilog.
Ferme des Étangs.— Adresse télég. : *Joseph Gaudet, Magneux exprès Montrond.*

32. Mornand.— Poste et gare : *Montbrison.*— Télég.: *Champdieu (Gare).*— Exprès : 10 kilom.
R. soc.: DU CHEVALARD et Cie.

33. Mornand.— Poste et gare : *Montbrison.*— Télég.: *Champdieu (Gare).*— Exprès 10 kilom.
R. soc.: RAY et NIGAY FRÈRES.

34. Saint-Jean-Soleymieux. — ☒ T. — Gare : *St-Romain-le-Puy.*— D. fab.: 10 kilom.
Fab.: MOISSONNIER.

35. Salt-en-Donzy.— Poste, télég. et gare : *Feurs.*— Exprès : 6 kilom.
Fab.: HENRI.

36. Usson-en-Forez.— ☒ T. — Gare : *St-Bonnet-le-Château.*— D. Fab.: 14 kilom.
Fab.: BOULAMOY.

ARRONDISSEMENT DE ROANNE

37. Juré.— Poste et télég.: *St-Just-en-Chevalet.*— Exprès : 6 kilom.— Gare : *Balbigny.*— D. fab.: 27 kilom.

Fab. : GARDAN.
Q. p. de t. : 1.000 kilog.

38. **La Pacaudière.** — ⊠ T 🚂.
Fab. : MORAILLON.

39. **Pouilly-les-Nonains.** — Poste : *St-André-d'Apchon.* — Télég. : *Renaison.* — Exprès : 5 kilom. — Gare : *Roanne.*
Fab. : MORLANDET.

40. **Roanne.** — ⊠ T 🚂.
Féculerie en chômage.

41. **Régny.** — ⊠ T 🚂.
Fab. : PÉCHARD.
Féculerie et amidonnerie.

42. **Sainte-Colombe.** — Poste : *Néronde.* — Télég. : *St-Just-la-Pendue.* — Exprès : 5 kilom. — Gare : *Balbigny.* — D. fab. : 13 kilom. 500.
Fab. : TRICOT.
Q. p. de t. : 1.000 kilog.

43. **Sainte-Colombe.** — Poste : *Néronde.* — Télég. : *St-Just-la-Pendue.* — Exprès : 5 kilom. — Gare : *Balbigny.*
Fab. : MILLET.

44. **St-Forgeux-Lespinasse.** — Poste : *Ambierle.* — Télég. : *St-Germain-Lespinasse.* — Exprès : 4 kilom. — Gare : *St-Germain-Lespinasse.*
R. soc : MORAILLON FILS et CORNELOUP.

45. **St-Germain-Laval.** — ⊠ T — Gare : *Balbigny.* — D. fab. : 15 kilom.
Fab. : J. DENIS.
Q. p. de t. : 2.000 kilog.

46. St-Germain-Laval. — ⊠ ☎ — Gare : *Balbigny*.
Fab.: MOUTET-COURTOIS.

47. St-Just-la-Pendue. — ⊠ ☎ — Gares. : *Hôpital,
St-Jodard et Balbigny*. — D. fab. : 15 kilom. — Quai :
Roanne.
Fab. : ROUSSILLON FILS.
Q. p. de t. : 1.000 à 1.500 kilog.
Obs. : Usine hydraulique fondée en 1842 par M. *Rous-
sillon père*, a toujours travaillé sans interruption. Eau
claire provenant de sources vives des monts Violay.
Matière première de bonne qualité provenant des terres
légères avec bon centre de production.

48/49. St-Symphorien-de-Lay. — ⊠ ☎ — Gare :
L'Hôpital. — Adresse télég. : *Féculeries St-Symphorien-
de-Lay*.
R. soc. : RODET, FONFRÈDE et Cie.

Féculeries Réunies de **Fonchin** et **Ecoron**.
48. Fonchin. — Gares : *L'Hôpital* à 7 kilom. *Roanne*
à 17 kilom. 500.
Obs. : Ne fournit que du grain de 1re, 2me et 3me. Les
2me et 3me ne se font qu'en fin de saison.
Le 1er grain n'est jamais travaillé en mélange avec les
2e et 3e qui se vendent séparément.
Peut passer 42.000 kilog. par jour, possède deux
essoreuses système *Vulin de Feurs, (Loire)*, étuve en fer
sur coulisses pouvant contenir 380 étagères, pouvant
sécher 18 à 20 balles de 125 kilog. par 24 heures (il est
bien entendu que les essoreuses ont déjà fait 40 à 50
p. 0/0 de sèche.
L'usine reçoit habituellement 2.000.000 à 2.500.000
kilog. de pommes de terre par an, cette année, par
exception, elle dépasse 3.000.000 de kilog.

Les prix d'achat ont varié cette campagne entre 0 fr. 55 à 0 fr. 70 *le comble* (20 kilog.).

Par suite de la gelée les pommes de terre ne se paieront plus que 0 fr. 30 à 0 fr. 45 *le comble*; les cours de vente ont varié de 27 à 31 fr. les 100 kilog.

49. Ecoron. — Gare : *Régny*, à 6 kilom. — Quai : *Roanne* à 18 kilom.

Obs. : Ancienne usine *Pechard et Pechard et Millet*. Peut passer 20.000 kilog. de pommes de terre par jour. — Bluterie. — Etuve à étagères séchant en 48 heures 20 balles de 125 kilog. — Lavages en cuves, par affluence d'eau. — Fera cette année : 70 à 80.000 combles, ne fait habituellement que 60 à 70.000 combles. Très belle marchandise pouvant rivaliser comme *Fonchin* avec n'importe quelle production. Production générale du pays, *Beauvais* et *Ecarly*.

50. Saint-Victor-Thizy. — Poste : *Regny*. — ⊤ ▭ — D. fab.: 2 kilom.

Fab.: CALLIER-BOUCHARD.

Q. p. de t.: 1.500 kilog.

51. Saint-Victor-sur-Rhins. — ▭ — Poste : *Regny*. — Télég.: *Saint-Victor-Thizy*. — Exprès : 1 kilom.

Fab.: DUMONT.

52. Saint-Victor-sur-Rhins. — ▭ Poste : *Regny*. — Télég.: *Saint-Victor-Thizy*. — Exprès : 1 kilom.

Fab.: PRÉFOL.

53. Saint-Victor-sur-Rhins. — ▭ Poste : *Regny*. — Télég.: *Saint-Victor-Thizy*. — Exprès : 1 kilom.

Fab.: F. FILLON.

54. Trouillères (Les). — Commune de **Souternon**. — Poste et télég.: *Saint-Germain-Laval*. — Exprès: 9 kilom.

Fab.: BUGOT.

LOIRET

ARRONDISSEMENT DE PITHIVIERS

55. Espersennes. — Poste et télég. : *Outarville*. — Gare : *Toury* (ligne de Paris à Orléans). — D. fab. : 6 kilom.
Fab. : GANDRILLE E.
Q. p. de t. : 1.500 kilog.
Obs. : Usine placée dans un centre de production de pommes de terre riches, terrains très perméables. Usine fondée en 1870.

MEURTHE-&-MOSELLE

ARRONDISSEMENT DE LUNÉVILLE

56. Bertrichamps. — ▦ — Poste : *Baccarat*. — Télég. : *Raon-l'Étape* (Vosges). — Exprès : 4 kilom.
Fab. : BOQUEL.

57. Chenevières. — Poste, télég. et gare : *St-Clément*. — Exprès : 3 kilom.
Fab. : PIERRAT à St-Dié (Vosges).

58. Demèvre-sur-Vezouze. — Poste, télég. et gare : *Blamont*. — Exprès : 5 kilom.
En chômage.

59. Lunéville. — ▦ ▦ ▦.
Fab. : Vve VICTOR JEANCLAUDE.
Féculerie et Glucoserie.

LAMES DE RAPES et FOURCHES A POMMES DE TERRE
J. DOLIGNON, Constructeur, Saint-Quentin (Aisne)

60. Marainviller. — ⊠ ☂ ▦. — D. fab. : 400 mètres.
Fab. : A. GEORGE.

Q. p. de t. : 1.500 kilog.

Usine hydraulique fondée par *A. George* en 1889.
Centre très important de grande et petite culture de
pommes de terre, à 8 kilom. de *Lunéville.* Usine située
sur la *Vezouze*, avec une force motrice de 25 chevaux,
une des féculeries les mieux placées que l'on puisse
trouver.

61. Thiaville. — Poste : *Baccarat.* — Télég. : *Raon
l'Etape.* — Exprès : 3 kilom. — Gare : *Raon l'Etape.* —
D. fab. : 2 kilom.

Fab. : J.-B. DIDIER.

Q. p. de t. : 750 kilog.

ARRONDISSEMENT DE NANCY

62. Dieulouard. — ▦ ⊠ — ☂ (Gare). — Exprès :
1 kilom.

R. soc. : DUVAL et GODART.

63. Dieulouard — ▦ ⊠ — ☂ (Gare). — Exprès :
1 kilom.

R. soc. : SAMUEL et Cie.

64. Jarville. — ⊠ ☂ ▦.
Fab. : WERHLIN.

65. Tomblaine. — Poste et télég. : *Nancy.* — Exprès :
3 kilom. — Adresse télég. : *Blochtomblaine-Nancy.* —
Gare : *Nancy-Saint-Georges.*

R. soc. : N. et J. BLOCH.

66. Tonnoy. — Poste : *Saint-Nicolas-du-Port.* —
Télég. : *Flavigny-sur-Moselle.* — Exprès : 7 kilom. —
Gare : *Saint-Nicolas-du-Port.* — D. fab. : 12 kilom. —

NORD

ARRONDISSEMENT DE LILLE

70. Armentières. — ☒ ⁂.
Fab. : DESCAMPS-COCHET

71. Ennevelin. — Poste : *Pont-à-Marcq*. — Adresse
télég. : (*Taffin-Templeuve*). — Gare : *Fretin*. — D. fab. :
3 kilom.
R. soc. : L. TAFFIN, AGACHE et Cie.
Q. p. de t. : 4 à 5.000 kilog.
Féculerie du Nord ; spécialité de fécules pour apprêts.
Fabrique de caramels et colorants.

72. Templeuve (Hameau de **Huquenville**). —
— Gares : *Templeuve* et *Nonain*. — D. fab. : 3 kilom.
R. soc. : F. DESPREZ, H. DUQUESNE et A. CROM-
BET. — Dir. : *A. Crombet*.
Q. p. de t. : 3.000 kilog.

OISE

ARRONDISSEMENT DE CLERMONT

73. Catenoy. — Poste : *Liancourt*. — Télég. : *Sacy-
le-Grand*. — Exprès : 4 kilom. — Quai et gare : *Catenoy*.
— D. fab. : 200 mètres.
Fab. : JULES ASSIÉ. — Chim. : *Fribourg*.
Q. p. de t. : 4.000 kilog.
Féculerie et Distillerie de pommes de terre.

FILTRES POUR SIROPS ET GLUCOSES

J. DOLIGNON, Constructeur, Saint-Quentin (Aisne)

74. Clermont. — ☒ 🜛 🚂.
Fab. : BOULANGER.

75. Sacy-le-Grand. — ☒ 🜛. — Gare : *Catenoy*. —
D. fab. : 4 kilom.
Fab. : DUCHAUFFOUR.
Q. p. de t. : 1.800 kilog.

ARRONDISSEMENT DE COMPIÈGNE

76. Reaumanoir (Commune de **Remy**). ☒ 🜛 🚂. —
D. fab.: 4 kilom.
Fab.: LESGUILLON.
Q. p. de t. : 3.000 kilog.

77. Baugy. — Poste : *Monchy-Humières*. — Télég. et
gare : *Remy*. — D. fab.: 4 kilom.
Fab.: GEORGES COPONET.
Q. p. de t.: 2.000 à 2.500 kilog.
Obs.: Le procédé *Hermite* pour le blanchiment et la
désodorisation de la fécule a été employé cette année et a
fonctionné à la complète satisfaction du fabricant.

78. Chevrières. — Poste et télég.: *Longueil-Sainte-
Marie*. — Exprès : 4 kilom — Gare : *Longueil-Sainte-
Marie* à 5 kilom. — Gare en construction : *Chevrières* à
1500 mètres de l'usine.
Fab.: CRAPPIER.
Q. p. de t.: 3.000 kilog.

79. Chevrières. — Poste et télég.: *Longueil-Sainte-
Marie*. — Exprès : 4 kilom. — Gare : *Longueil-Sainte-
Marie* à 4 kilom. — Gare en construction : *Chevrières* à
1 kilom. de l'usine.
Fab.: SAGNY. — Dir.: *Lafritte*.
Q. p. de t.: 2.000 kilog.

80. Clairoux.— Poste : *Compiègne.*— Télég.: *Choisy-au-Bac.*— Exprès : 4 kilom.— Gare : *Compiègne.*
R. soc.: PIERRET et COTENTIN.

81. Compiègne.— ✉ T ▦.
R. soc.: ROLAND, HIPPOLYTE ANGEL et Cie.

82. Coudun.— ✉ T (en installation) ▦ — D. fab :
1 kilom.
Fab.: FAROUX FÉLIX.
Q. p. de t.: 2.000 à 2.500 kilog.

83. Cuise-la-Motte.— ✉ T (en projet).— Télég.
act.: *Pierrefonds.*— Exprès : 6 kilom.— Gare : *La Motte-Breuil.*— D. fab.: 500 mètres.— Quai : *La Motte* à
600 mètres.
R. soc. : SOUPLET FRÈRE et SOEURS.— Dir.:
Souplet père.
Q. p. de t.: 2.000 kilog.— Moteur hydraulique.

84. Gournay-sur-Aronde.— ✉ T — Gare : *Estrées-Saint-Denis.*— D. fab.: 7 kilom.
R. soc.: HENNELIN et Cie.

85. Grand-Fresnoy.— ✉ T ▦ — Gare : *Pont-Sainte-Maxence.*— D. fab.: 10 kilom.
Fab.: H. VALLÉE-DELAYEN.
Q. p. de t.: 4.000 kilog.

86. Longueil-Sainte-Marie. — ✉ T Quai et ▦.
— D. fab.: 1.500 mètres.
Fab. : HONGRE-BULLOT.
Q. p. de t.: 4000 kilos.

TRANSPORTEUR HYDRAULIQUE MOBILE
J. DOLIGNON, Constructeur, Saint-Quentin (Aisne)

87. **Moyvillers.** — Poste, télég. et gare : *Estrées-Saint-Denis*. — D. fab. exprès : 2 kilom. — Halte pour voyageurs à *Moyvilliers*, à 100 mètres de la féculerie.
Fab.: DESAINT RAYMOND.
Q. p. de t. : 2.500 kilog.

88. **Ressons-sur-Matz.** — ✉ ⌶ ▦ fab. près gare.
Fab.: MARCHAND-ANCEL.
Q. p. de t. : 3.000 kilog.
Obs.: Cette usine de construction récente (1885) avec un bon matériel est située dans un centre de culture, est bien approvisionnée, fabrique de la très belle fécule supérieure en grains et blutée, belle eau en abondance.

89. **Port-Salut-Verberie.** — Poste et télég.: *Verberie.* — Exprès : 1 kilom. — Gares : *Longueil-Sainte-Marie* à 3 kilom. 600. — *Verberie* à 2 kilom. — Quai: Usine (Oise)
Fab.: E. CHAUVET.
Q. p. de t.: 3.500 kilog.
Obs.: Cette usine créée en 1875 par la Société *Delarue et Cie* fabriquait amidon de maïs et glucoses, reprise en 1888 par *E. Chauvet*, elle a été transformée en amidonnerie et féculerie.

90. **Vaugenlieu.** — Commune de **Marest-sur-Matz.** — Poste : *Machemont.* — Télég. et gare : *Thourotte.* — Exprès : 5 kilom.
Fab.: GOSSE.

ARRONDISSEMENT DE SENLIS

91. **Béthancourt.** — Poste, télég. et gare : *Crépy-en-Valois.* — Exprès : 7 kilom.
Fab.: GIBERT.

92. **Béthisy-Saint-Pierre.** — (Moulin de l'Hirondelle — ✉ ⌶ ▦.

Fab.: HÉRAULT ERNEST.
Q. p. de t.: 2.500 kilog.

93. Fresnoy-la-Rivière.— Poste : *Morienval.* — Télég. et gare : *Crépy-en-Valois.* — Exprès : 8 kilom.
Fab.: E. FOUQUIER.

94. Gilocourt.— Poste : *Crépy-en-Valois.* — Télég.: *Béthisy-Saint-Pierre.* — Exprès : 7 kilom. — Gare : *Orrouy-Glaigne.*— D. fab.: 3 kilom. 600.
Fab. Locataire : Vve CARANDAS.— Dir.: *Foucret.*
Q. p. de t.: 3.500 kilog.
Propriétaire : *Avez H.*, 9, rue Say, Paris.

95. Guépille (La).— Poste et télég.: *La Chapelle-en-Serval.*— Gare : *Survilliers.*
Fab.: LEDUC-BAILLY.

96. Orrouy.— Poste et télég.: *Béthisy-Saint-Pierre.* — Exprès : 4 kilom.— Gare : *Orrouy-Glaigne.*— D. fab.: 2 kilom.
Fab.: BABIN.
Q. p. de t.: 2.500 kilog.

97. Pont-Sainte-Maxence.— (Pontpoint). — (Quai du Ménil Châtelain).— ▣ T ✉.
Fab.: MANCHERON A. E.
Q. p. de t.: 2.000 kilog.

98. Saint-Paterne. — Commune de **Pontpoint.** — Poste, télég. et gare : *Pont-Sainte-Maxence.*— Exprès : 2 kilom.
Fab.: BARBIER.

99. Versigny.— Poste et gare : *Nanteuil-le-Haudouin.* — D. fab.: 1 kilom. — Télég.: *Baron.*— Exprès : 3 kil.
Fab.: LHOSTE.
Féculerie en chômage, à louer.

PAS-DE-CALAIS

ARRONDISSEMENT DE BÉTHUNE

100. — Saint-Venant. — ▭ ⊤ ▤.
Fab.: GHEENBRANT-COEVOET.

PUY-DE-DOME

ARRONDISSEMENT D'AMBERT

101. Ambert (Boulevard de Lyon). — ▭ ⊤ ▤. —
D. fab.: 1 kilom.
R. soc: COSTES et LEDIEU.
Q. p. de t.: 1.000 à 1.200 kilog.
Usine hydraulique fondée en 1852.

Expositions internationales
(1867 Paris Médaille de Bronze
{ 1878   »   »   d'Argent.
(1889   »   »   d'Argent.

102. Ambert. — ▭ ⊤ ▤.
Fab.: JARSAILLON.

103. Ambert. — ▭ ⊤ ▤.
Fab.: Vᵛᵉ PACROS.

104. Arlanc. — ▭ ⊤ ▤.
Fab.: BAUD.

105. Arlanc. — ▭ ⊤ ▤.
Fab.: JARSAILLON FILS.

106. Arlanc. — ▭ ⊤ ▤. — D. fab.: 500 mètres.
Fab.: PORTAL.
Q. p. de t.: 1.200 kilog.
Obs.: Usine hydraulique construite sur les bords de

PRODUITS RÉFRACTAIRES

POUR

Féculeries, Glucoseries, Sucreries, Distilleries, etc., etc.

VAN CAUWELAERT FRÈRES & CIE

MAISON CENTRALE :

à FRESNES-SUR-ESCAUT (Nord — France)

FABRIQUE :

à STRAMBRUGES (Hainaut — Belgique)

Fours à calciner les eaux rouges des Féculeries

Entreprises de Fours à chaux, Fours à potasse, à noir, etc.

MONTAGE SPÉCIAL DE GÉNÉRATEURS

BREVETS

pour Foyers-Gazogènes sous chaudières pour France et étranger
pour émaillage des corps en vase-clos

GRANDES CHEMINÉES

en Briques spéciales

4078

la rivière *La Dolore*. Eau très claire provenant de sources des montagnes voisines.

107. Cunlhat. — ⊠ T — Gare : *Giroux*. — D. fab.: 12 kilom.
Fab. : BASTIDE-FUSTIER.
Q. p. de t. : 3.000 kilog.
Obs. : Force hydraulique et machine à vapeur donnant ensemble 40 chevaux vapeur environ.
Etuve à air chaud.

108. Cunlhat. — ⊠ T — Gare : *Giroux*.
Fab. : MORY.

109. Dore-l'Eglise. — Poste et télég. : *Arlanc*. — Exprès : 4 kilom. — Gare : *Ambert*. — D. fab.: 4 kilom. — Gare en construction : *Arlanc*.
Propriétaire : BROSSARD JOSEPH.
Société exploitante : BOSDURE, BATISSE, BROSSARD FRÈRES.
Q. p. de t. : 750 kilog.
Obs.: Travaille de 800.000 à 900.000 kilog. de pommes de terre par an. Roue hydraulique.

110. Flaites. — Poste et télég. : *Marsac*. — Gare : *Marsac* (sera ouverte le 1er Juillet 1893). — D. fab. : 2 kilom.
Fab.: B. CHAPELLE-BATISSE à St-Sauveur, par Arlanc (Puy-de-Dôme).
Q. p de t. : 1.500 kilog.

111. La Forie. — Poste, télég. et gare : *Ambert*. — Exprès : 5 kilom.
Fab. : RIOLHON-OVILLE.

112. Grandrif. — Poste et gare : *Ambert*. — Télég.: *Marsac*. — Exprès : 9 kilom.
Fab.: GRANET.

12

113. Marsac. — ⊠ T — Gare : *Ambert*.
Fab. : CHAPELLE.

114. Marsac. — ⊠ T — Gare : *Ambert*.
Fab. : CHAUMONT-MARIEN.

115. Marsac. — ⊠ T — Gare : *Ambert*. D. fab. : 9 kil.
Fab. : GRANET-CHELLES.
Q. p. de t. : 1.000 kilog.
Ob. Ancienne Maison *Granet-Jarsaillon, Granet-Chelles*
successeur. — Usine hydraulique placée dans un bon
centre de production pour la pomme de terre, matière
première de bonne qualité.
Fécules premières et repassées.

116. Marsac. — ⊠ T — Gare : *Ambert*.
Fab. : JARSAILLON FILS.

117. Saint-Ferréol-des-Côtes. — Poste, télég. et
gare . *Ambert*. — Exprès : 6 kilom.
Fab. : GUILLAUMET PIERRE.

118. Saint-Ferréol-des-Côtes. — Poste, télég. et
gare : *Ambert*. — Exprès : 6 kilom.
Fab. : VEUVE FLOUVAT.

119. Voziron. — Poste et télég. : *Puy-Guillaume.* —
Gare : *Ris-Chateldon.* — D. fab. : 1 kilom.
Fab. : B. CHAPELLE-BATISSE à St-Sauveur par
Arlanc (Puy-de-Dôme).
Q. p. de t. : 1.500 kilog.

ARRONDISSEMENT DE CLERMONT-FERRAND

120. Domaize. — Poste et télég. : *Ste-Dier-d'Auvergne.*
— Exprès : 7 kilom. — Gare : *Giroux*.
Fab. : MORY-COMBE.

121. **Saint-Saturnin**.— Poste et télég.: *Saint-Amand-Tallende*.— Exprès : 2 kilom.— Gare : *Martres-de-Veyre*. R. soc.: VOLUISANT FRÈRES. — Dir.: *E. Laurent*.

RHONE

ARRONDISSEMENT DE LYON

122. **Lyon**.— (29, rue Lanterne) — ✉ ☏ 🚂
R. soc.: BIÉTRIX FRÈRES.
Féculerie et glucoserie.

ARRONDISSEMENT DE VILLEFRANCHE-SUR-SAONE

123. **Amplepuis**.— ✉ ☏ 🚂 — D. fab.: 1 kilom.
R. soc.: THOLIN FRÈRES.
Q. p. de p.: 2.000 kilog.
Obs.: Usine hydraulique et à vapeur, fondée en 1861, et située sur le ruisseau le *Rançonet* dont les eaux pures et limpides assurent à ses produits une qualité supérieure.

124. **Cublize**. — ✉ ☏ — Gare : *Amplepuis*.
Fab.: J. PRÉFOL.

125. **Lamure-sur-Azergues**. — ✉ ☏ — Gare actuelle : *Lozanne* (Rhône). — D. fab. : 32 kilom. — Gare en construction : *Lamure-sur-Azergues* (ligne de Lozanne à Paray). — D. fab.: 500 mètres.
R. soc.: H. et A. COLIN.
Q. p. de t.: 1.000 kilog.

SAONE-&-LOIRE

ARRONDISSEMENT DE CHALON-SUR-SAONE

126. **Chalon-sur-Saône**. — ✉ ☏ 🚂.
R. soc.: SOCIÉTÉ ANONYME DES FÉCULERIES

ET GLUCOSERIE DE CHALON - SUR - SAONE, PAGNY-LA-VILLE et SEURRE. — Dir.: *Edmond Thiébaut*. — Propriétaire des anciennes usines : *J.-B. Taupenot fils* fondées en 1841.

Obs.: Adresser les lettres à *M. le Directeur à Chalon-sur-Saône*. — Adresse télégraphique : *Féculerie Chalon-sur-Saône*.

Q. p. de t.: 11.000 kilog.

Obs.: Quantité de pommes de terre reçues dans les 3 usines pendant la campagne d'automne 1892, plus de 25.000.000 de kilog.

Marque TAUPENOT très avantageusement connue, très reputée.

ARRONDISSEMENT DE CHAROLLES

127. **Palinges**. — ☒ ☍ 🏭. — Exprès: 1 kilom. R. soc. : G. DUVERNE et C⁶.

ARRONDISSEMENT DE MACON

128. **Tournus**. — ☒ ☍ Quai et 🏭. — D. fab. : 1 kilom.

R. soc. : FÉCULERIE ET GLUCOSERIE DE TOURNUS. — Dir. : *A. Georges* et *P. Matrot*.

Q. p. de t.: 10.000 kilog. soit un travail de jour et nuit : 200.000 kilog. par 24 heures.

SARTHE

ARRONDISSEMENT DE LA FLÈCHE

129. **Bazouges-sur-Loir**. — ☒ ☍ 🏭. — D. fab. : 2 kilom. — Port *Guérets* (Usine).

Fab.: LORY CYRILLE. — Dir. : *Lory Eugène*.

Q. p. de t. : 150 doubles décal. Travaille environ 80.000 à 90.000 doubles décal. par an.

Obs. : Fabrique la plus ancienne de la Sarthe, fondée en 1851 ; vastes bâtiments ; sèche à air libre très grande ; eau du Loir ; centre de production ; vente pulpe assurée.

Locataire : *Lory*, quitte fin de bail et fortune faite le 1er Septembre 1893. Pour louer s'adresser à *M. Lelong*, propriétaire et avoué à *Angers* (Maine-et-Loire).

130. **La Flèche.** — ☒ ⊤ 🚂. — D. fab. : 400 mètres. — Quai : *Le Loir*.
Fab. : BOURCIER ADOLPHE.
Q. p. de t. : 2.000 kilog.
Obs. : Situation exceptionelle au centre de la production. Féculerie très vaste, séchage au fur et à mesure de la fabrication.

131. **La Flèche (La Voie).** — ☒ ⊤ — Gare : *Verron*. — D. fab. : 2 kilom.
Fab. : PRESSELIN-BOUTTEVILLE.
Q. p. de t. : 2.000 kilog.
Usine hydraulique et à vapeur.

132. **La Flèche.** — ☒ ⊤ 🚂
Féculerie en chomage.

133. **La Flèche.** — ☒ ⊤ 🚂.
R. soc. : MORTIEUX FRÈRES.

134. **Le Lude.** — ☒ ⊤ 🚂.
Fab. : JOLY EDOUARD.

135. **Le Lude.** — ☒ ⊤ 🚂. — D. fab. : 1 kilom.
Fab. Vve LENGLET. — Dir. : *Payen*.
Q. p. de t. : 4.000 kilog.

136. **Sainte-Colombe-la-Flèche.** — Poste, télég.

et gare: *La Flèche*.
Fab.: PELTIER.

ARRONDISSEMENT DE St-CALAIS

137. Thorigné-le-Renaulme. — 🚂 — Poste :
Connerré. — T (gare). — Exprès: 1 kilom.
Fab.: DE SAINT-PAUL.

SEINE

138. Antony. — ✉ T 🚂. — D. fab. 500 mètres.
— Chemin de fer routier passant à l'entrée de l'usine
(ligne de Paris à Arpagon).
R. soc.: Vve CHAUVET.
Q. p. de t.: 3.500 kilog.
Obs.: Cette féculerie créée en 1830, par *M. Dodard*,
père de *Mme Chauvet*, est certainement l'une des doyen-
nes de la féculerie française. Les produits obtenus ont
toujours été très appréciés et recherchés, elle est en outre
située au centre d'une grande culture. On désire céder.

139. Choisy-le-Roi. — ✉ T 🚂.
Fab.: BARBEREAU ALFRED.

140. Briche (La). — Communes de *Saint-Denis et
Epinay*. — Poste: *Epinay-sur-Seine*. — Télég. et gare:
Saint-Denis-sur-Seine. — Exprès: 2 kilom.
Fab.: FOUCHER.

141. Dugny. — Poste, télég. et gare: *Le Bourget*.
Exprès: 3 kilom.
Fab.: NEURDIN.

142. Paris (38, rue Poliveau). — ✉ T 🚂 (Compagnie
d'Orléans). — D. fab.: 2 kilom.

R. soc.: BOUCHOT et BONFILS.
Q. p. de t.: 1.500 kilog.

143. Paris.— (107, rue de la Chapelle) — ✉ ⌁ 🏭
Fab.: P. JACQUET.

144. Stains.— ✉ ⌁ 🏭
Fab.: JULES BOUQUIN.

145. Stains.— ✉ ⌁ 🏭
Fab.: GRIVOT PÈRE.

SEINE-INFÉRIEURE

ARRONDISSEMENT DE ROUEN

146. Rouen.— (8 place Saint-Éloi) — ✉ ⌁ 🏭 Port.—
Adresse télég.: *Leroux-Louvet-Rouen.*— Téléphone :
Havre-Rouen-Paris.
R. soc.: LEROUX-LOUVET FILS.
Féculerie, amidonnerie et fabrique de dextrine.
Obs.: Maison fondée en 1828 ayant obtenu : Médailles
d'or à Paris 1878, Rouen 1884, Beauvais 1885, et Paris
1889, pour la supériorité de ses produits.

147. Rouen.— (28, rue St-Éloi) — ✉ ⌁ 🏭 — Port.
R. soc.: HENRI REMY et COURTIN.

SEINE-ET-OISE

ARRONDISSEMENT DE MANTES

148. Epone.— ✉ ⌁ 🏭 — (Raccordement).
Fab.: CACHEUX.
Q. p. de t.: 5.000 kilog.
Obs.: Fécules supérieures.

ARRONDISSEMENT DE PONTOISE

149. Aulnay-lez-Bondy-sous-Bois. — ⊠ T — (Gare).
— Exprès : 2 kilom. — 🚂 — D. fab.: 1 kilom. — Quai :
Sevran-Levry.
    Fab.: PAPILLON JEUNE. — Dir.: *Papillon fils ainé.*
Q. p. de t.: 2.000 kilog. — (Fécule verte).

150. Blanc-Mesnil (Le). — Poste : *Le Bourget* (Seine).
— Gare et télég.: *Aulnay-lez-Bondy-sous-Bois.* — Exprès.
3 kilom.
    Fab : EDOUARD RENAULT.

151. Gonesse. — ⊠ T 🚂 — D. fab.: 3 kilom.
R. soc.: LUCY, BONNEVIE et Cⁱᵉ. — Dir.: *Boisseau
Fils.*
    Q. p. de t.: 3.000 kilog.
Meunerie et féculerie.

152. Ham. — Poste et télég.: *Cergy.* — Adresse télég.:
(Moreau-Féculier-Cergy). — Gare : *Pontoise.*
    Fab.: JULES MOREAU.

153. Survilliers. — ⊠ T 🚂 (Ligne de Paris à
Chantilly).
    Fab.: LEDUC.

154. Tremblay. — Poste : *Roissy.* — T — Gare .
Sevran-Livry. — D. fab.: 5 kilom. — Quai: *Sevran-Livry.*
R. soc.: SOCIÉTÉ ANONYME DE LA FÉCULERIE
DE TREMBLAY. — Dir.: *Chobert.* — Siège social : 21,
rue Ste-Croix de la Bretonnerie, Paris.
    Q. p. de t.: 4.000 kilog.

ARRONDISSEMENT DE RAMBOUILLET

155. Gometz-le-Châtel. — (La Villeneuve) — Poste
et télég.: *Orsay.* — Exprès : 4 kilom. — Gare : *Orsay.* —

D. fab.: 3 kilom.

R. soc.: SOCIÉTÉ ANONYME : *Féculerie de la Villeneuve.*— Dir.: *Prévost.*

Q. p. de t.: 3.500 kilog.

Obs.: Culture sélectionnée de pommes de terre à grand rendement.

156. **Raizeux.**— Poste et télég.: *Epernon* (Eure-et-Loir).— Exprès : 2 kilom.— Gare : *Epernon.*— D. fab.: 3 kilom.

Fab.: PH. REGNIER.

Q. p. de t.: 1.500 kilog.

Obs.: Cette féculerie est très bien installée sur les bords de la *Guesle*, à peu de distance de ses sources, ce qui lui permet d'obtenir des produits très blancs sans employer aucun acide.

ARRONDISSEMENT DE VERSAILLES

157. **Achères.**—

Fab.: DAMOUR.

158. **Achères.**—

Fab.: A. DUMONT.

159. **Conflans-Sainte-Honorine.**— — D. fab.: 2 kilom.— Quai : sur la *Seine.*

Fab.: L. M. DOITTAU.

Q. p. de t.: 2.000 kilog.

160. **Poissy.**—

Fab.: TRUBET.

161. **Rueil.**— (140, avenue de Paris).— — et : *La Garenne Bezons* (Petite vitesse) à 6 kilom.

Fab.: ARMAND BLONDEL.

162. Sartrouville. — ⊠ T — Gare : Marchandises à *Maisons-Laffite*. — Halte pour voyageurs : *Sartrouville*. — D. fab.: 1 kilom. 500.

Fab.: J.-B. MALLARD.

Q. p. de t.: 2.000 kilog.

Obs.: Usine dont la fondation date de 1849, une des plus anciennes du rayon de Paris, fondateur M. *Dallemagne*, a toujours travaillé sans interruption depuis cette époque, vendue en 1878 à M. *Mallard*.

163. Versailles. — ⊠ T 🏭
Fab.: LEPAULT.

164. Villepreux. — (Féculerie du Trou-Moreau). — ⊠ T 🏭.
Fab.: P. HARENGER.

SEINE-ET-MARNE

ARRONDISSEMENT DE MEAUX

165. Messy. — Poste et télég. : *Claye-Souilly*. — Exprès : 3 kilom. — Gare : *Mitry-Claye*. — D. fab.: 6 kil.

R. soc.: BATAILLE et Cie. (Société de Cultivateurs Réunis).

Q. p. de t.: 1 500 kilog.
Féculerie de pommes de terre et distillerie de betteraves.

VOSGES

ARRONDISSEMENT D'ÉPINAL

166. Arches. — ⊠ T 🏭. — D. fab. : 130 mètres. — Quai : *Epinal*.

R. soc.: BRUEDER et Cie.

Q. p. de t. : 2.000 kilog.

167. Archettes. — Poste, télég. et gare : *Arches*. — Exprès : 1 kilom.
Fab. : THIAVILLE-COTTEL.

168. Archettes. — Poste, télég. et gare : *Arches*. — Exprès : 1 kilom.
R. soc. : COTTEL FRÈRES.

169. Aydoilles. — Poste et télég. : *Girecourt-sur-Durbion*. — Exprès : 5 kilom. — Gare : *Epinal*. — D. fab. : 11 kilom.
Fab. : J. DUFOUR. — Dir. : *Maurice Dufour*, chimiste ind^e.
Q. p. de t. : 2.000 kilog.
Obs. : Usine hydraulique et à vapeur de la force de 50 chevaux. La féculerie *d'Aydoilles* existe depuis 40 ans. Ses produits sont tellement renommés par leur qualité et leur beauté qu'ils obtiennent toujours sur les cours une majoration de dix francs par quintal. Médailles d'Or expositions universelles de 1867, 1878, 1889. Diplôme d'honneur à l'Exposition industrielle d'Epinal 1881. Maison à Epinal.

170. Adelphes-Jeuxey et Deyvillers. — Poste, télég. et gare : *Epinal*. — D. fab. : 5 kilom. — Quai : *Epinal* à 4 kilom.
Fab. : PAUL VITU.
Q. p de t. : 600 kilog.

171 Baffe (La). — Poste et télég. : *Docelles*. — Exprès : 7 kilom. — Gare : *Docelles-Cheniménil*. — D. fab. : 6 kilom.
Fab. : LAHEURTE.
Q. p. de t. : 650 kilog.
Obs. : Usine hydraulique située dans un bon centre de production, eau vive.

172. Bains. — ⊠ T 🚂. — D. fab.: 4 kilom. — Port du *Concy* à 2 kilom.

Fab.: Vve E. MANGIN. — Dir.: *René Mangin fils.*

Q. p. de t.: 1.000 kilog.

Obs.: Usine hydraulique avec eau de sources très claire, ne manquant jamais d'eau, même par les plus grandes sècheresses. Bon centre de production, matières premières bonne qualité, marque connue comme supérieure, fécules 1re supérieures et repassées.

173 Brennecotte-Girancourt. — Poste, télég. et gare: *Epinal.*

Fab.: AUG. HAILLANT.

174. Buzegnez. — Poste, télég. et gare: *Dounoux.* D. fab.: 2 kilom. 500. — Télég. restant: *François-Dounoux.*

Fab.: GEORGES FRANÇOIS.

Q. p. de t.: 2.200 kilog.

Obs.: Fécules 1re Vosges, supérieures et extra-supérieures. Toutes les fécules sont lavées avec de l'eau de source naturelle:

1re Vosges	2 fois	Q^té 3.500 sacs	⎫	Ensemble
Supérieure	3 fois	» 2.500 »	⎬	9.000 sacs
Extra-supérieure	4 fois	» 3.000 »	⎭	par an

175. Bru. — Poste, télég. et gare: *Rambervillers.* — Exprès: 4 kilom.

Fab.: ETIENNE THIERRY.

176. Bru. — Poste, télég. et gare: *Rambervillers.* — Exprès: 4 kilom.

Fab.: GUERY.

177. Bruyères. — ⊠ T 🚂
Fab.: CHRISTOPHE.

178. Chapelle-aux-Bois (La). — 🚂 — Poste et
télég.: *Xertigny*. — Exprès : 5 kilom.
Fab.: VAUTHIER.

179. Champ-le-Duc. — Poste télég. et gare: *Bruyères-
en-Vosges*. — Exprès : 2 kilom.
Fab.: GUERY.

180. Cheniménil. — Poste, télég. et gare : *Docelles*.
— Exprès : 1 kilom.
Fab.: MONGEL-BONTEMPS.

181. Cheniménil. — Poste, télég. et gare : *Docelles*.
— Exprès : 1 kilom.
Fab.: THIÉRY.

182. Deycimont. — 🚂 — Poste et télég.: *Docelles*.
— Exprès : 4 kilom.
Fab.: BAFFRAY FRANÇOIS.

183. Deycimont. — Poste et télég. : *Docelles*. —
Exprès : 4 kilom. — Gare : *Lépanges*. — D. fab.: 2 kil. 400
Fab.: C. CONSTANT GRÉMILLET.
Q. p. de t.: 400 kilog.

184. Docelles. (Féculerie du Faing de la Hille) ✉ 📞 🚂
— D. fab.: 1 kilom. 500.
Fab.: JOSEPH DUC.
Q. p. de t. par an : 400.000 kilog.

185. Docelles. — (Féculerie de Lana). — ✉ 📞 🚂 —
D. fab.: 700 mètres. — Quais: *Epinal* ou *Chatel-Nomexy*.
R. soc.: VEUVES KRANTZ FRÈRES. — Dir.: *P. Luc*.
Q. p. de t.: 1.200 kilog.
Obs.: Fécules supérieures. Médaille d'or à l'exposition
universelle de 1889.

186. Docelles. (Féculerie du Gros-Claudon). — ✉ 📞.

— Gare : *Docelles-Cheniménil.* — D. fab.: 1 kilom. 800.
R. soc.: L. et J. MOUGENEL.
Q. p. de t.: 1.000 kilog.
Obs.: La limpidité de l'eau qui alimente cette féculerie permet de fabriquer des fécules supérieures.

187. Docelles. (Féculerie de l'Estamte) ⊠ T 🚂. — D. fab.: 1 kilom. 500.
Fab.: THIÉRY.
Q. p. de t.: 400 kilog.

188. Vieux-Moulins (Les). — Poste, télég, quai et gare: *Epinal.* — D. fab.: 7 kilom. — Adresse télég.: *Brueder-Arches.*
R. soc.: BRUEDER et Cie.
Q. p. de t.: 2.000 kilog.
Obs.: Eau vive, spécialité de fécule extra-supérieure, marque datant de 1853; *Brueder J.-B.* fondateur.

189. Epinal. — ⊠ T 🚂 et quai.
R. soc.: DUFOUR et FIGAROL.

190. Epinal (Olima) (1, rue de Chanteraine). — ⊠ T (adresse télég.: *Gérardgeorge-Féculier-Epinal*). — 🚂 et quai.
Fab.: ALFRED GÉRARDGEORGE.
Féculerie à **Olima** commune de *Renauvoid.* — Poste, télég. et gare: *Epinal.* — Exprès: 4 kilom.

191. Epinal. — ⊠ T 🚂 et quai.
Fab.: FLORION-GRANDJEAN A.

192. Epinal. — ⊠ T 🚂 et quai.
Fab.: GUILGOT J.

193. Epinal. — ⊠ T 🚂 et quai.
Fab.: SCHUPP-HUMBERT.

194. **Fimenil**.: — Poste et gare: *Bruyères-en-Vosges*. — Télég.: *Laval*. — Exprés: 3 kilom.
Fab.: SALMON.

195. **Giroménil-Hadol**. — Poste, télég. et gare: *Dounoux*.
Fab.: MANGIN.

196. **Granvillers**. — Poste et gare: *Bruyères-en-Vosges*. — Télég.: *Girecourt-sur-Durbion*. — Exprès: 5 kilom.
Fab.: YAGER AUGUSTE.

197. **Granges-Xertigny**. — Poste, télég. et gare: *Xertigny*. — D. fab.: 6 kilom.
Fab.: MATHIEU JOSEPH.
Q. p. de t.: 12 à 15 hectol.

198. **Gruez-les-Surances**. — Poste, télég. et gare: *Bains-en-Vosges*. — Exprès: 9 kilom.
Fab.: A. DIDIER.

199. **Gruez-les-Surances**.— Poste, télég. et gare: *Bains-en-Vosges*.— Exprès: 9 kilom.
Fab.: GÉRARDIN JULES.

200. **Gruez-les-Surances**.— Poste, télég. et gare: *Bains-en-Vosges*.— Exprès: 9 kilom.
R. soc.: MAGU FRÈRES.

201. **Hadol (Sena-de)**.— Poste et télég.: *Dounoux*.— Exprès: 5 kilom.— Gare: *Dounoux*.— D. fab.: 5 kilom.
Fab.: VICTOR LOUIS.
Q. p. de t. par heure: 1.000 à 1.200 kilog.
Obs.: Usine hydraulique et à vapeur.— Eau claire et fraîche ne provenant que de sources situées à proximité de l'usine.— Dans un bon centre de production.—

Matière première de bonne qualité provenant de terres légères.— Fécules 1res, supérieures et extra-supérieures et repassées.

202. Hadol.— Poste, télég. et gare : *Dounoux.*— Exprès : 5 kilom.
Fab.: DREYER.

203. Harsault. (Féculerie du Moulin Geantré). — Poste et gare : *Bains-en-Vosges.* — Télégr.: *Thunimont (Ecl.)* — Exprès : 4 kilom.
Fab.: NICOLAS BAUDOIN.

204. Harsault.— Poste et gare : *Bains-en-Vosges.*— Télég.: *Thunimont (Ecl.)* Exprès : 4 kilom.
Fab.: GURY NICOLAS.

205. Hautmongey.— Poste, télég. et gare : *Bains-en-Vosges.*— Exprès : 5 kilom.
Fab.: C. DIDIER.

206. Hautmougey.— Poste, télég. et gare : *Bains-en-Vosges.*— Exprès : 5 kilom.— D. fab. gare : 7 kil.500. — Port : *Canal de l'Est,* Port de Coucy à 1500 mètres.
R. soc.: Vve E. MANGIN. — Dir. : *E. Mangin fils.* Q. p. de t.: 1.500 kilog.
Obs.: Usine hydraulique, avec canal indépendant, eau très claire, ne tarissant jamais, le meilleur centre de production du département des Vosges, à peu de distance du village de *Gruey* fournissant une grande quantité de tubercules.
Marque renommée dans le département et très connue. Fécules: supérieures, premières et repassées.

207. Laveline-Devant-Bruyères. — ⸺ — Poste et télég.: *Bruyères-en-Vosges.* — Exprès: 5 kilom.
Fab.: **J.-B. GREMILLET.**

208. Laveline-du-Houx. — Poste, télég. et gare : *Docelles*. — Exprès : 5 kilom.
Fab.: G. GUYOT.

209. Lépanges. — Poste : *Bruyères-en-Vosges.* — Télég.: *Laval.* — Exprès : 4 kilom.
Fab.: J. NICOLAS GREMILLET.

210. Ménil-Rambervillers. — Poste, télég. et gare : *Rambervillers.* — Exprès : 7 kilom.
Fab.: MATHIEU.

211. Ménil-Rambervillers. — Poste et télég. : *Rambervillers.* — Exprès : 7 kilom. — Gares : *Rambervillers et Baccarat* (M.-et-M.) — D. fab.: 8 kilom.
Fab.: J. HENRY.
Q. p. de t.: 450 kilog.
Obs.: Usine hydraulique datant de 1860, eau limpide, bon centre de production de pommes de terre.

212. Moyenpal commune de **Xertigny.** — Poste, télég. et gare: *Xertigny.* — Exprès : 4 kilom.
Fab.: Vve DIDIER.

213. Pierrepont-sur-l'Arantèle. — Poste et télég.: *Girecourt-sur-Durbion.* — Exprès : 6 kilom. — Gare : *Bruyères-en-Vosges.* — D. fab.: 8 kilom.
Fab.: J. BARADEL.
Q. p. de t.: 1.000 kilog.
Obs.: Usine hydraulique construite en 1865 sur les bords de *l'Arantèle.* Bon centre pour la culture de la pomme de terre.

214. Roulier (Le). — Poste, télég. et gare: *Docelles.* — Exprès : 3 kilom.
Fab.: E. MOUGENEL.

215. Saint-Benoit. — ✉ — Télég.: *Rambervillers*. — Exprès : 8 kilom. — Gare : *Rambervillers*. — D. fab.: 6 kilom.
Fab.: GUERY CH.
Q. p. de t.: 700 kilog.

216. Saint-Laurent. — Poste, télég. et gare: *Epinal*. Exprès: 6 kilom.
R. soc.: Melle VICTOIRE MARCHAL.

217. Sebarupt-Docelles. — Poste, télég. et gare : *Docelles*.
Fab.: FRANÇOIS.

218. Thaon. — ✉ T. ⌦.
R. soc.: Vve FÉLIX CLAUDEL.
Bureaux à *Docelles* (Vosges)
Obs.: Médaille d'or à l'exposition de 1889 pour fécule extra-supérieure en grain et blutée.

219. Uriménil. — Poste, télég. et gare : *Dounoux*. — D. fab.: 5 kilom. — Quai : *Uzemain*.
Fab.: J. CHOLET et Cie.
Q. p. de t.: 5.000 kilog.
Obs.: Distillerie et féculerie de pommes de terre. Alcool de choix.

220. Uriménil. — Poste, télég. et gare : *Dounoux*. — D. fab. 4 kilom. — Quai : *Uzemain*.
Fab.: FARINEZ.
Q. p. de t.: 8 à 900 kilog.
Usine hydraulique.

221. Uzemain. — Poste, télég. et gare: *Xertigny*. — Exprès: 8 kilom.
Fab.: HAILLANT.

222. **Viménil.** — Poste et gare : *Bruyères-en-Vosges*. — Télég.: *Girecourt-sur-Durbion*. — Exprès: 5 kilom. Fab.: J.-B. MANGIN.

223. **Voivres (Les).** — Poste, télég. et gare : *Bains-en-Vosges*. — Exprès : 4 kilom. R. soc.: JULES PORTE et Cie.

224. **Voivres (Les).** — Poste, télég. et gare : *Bains-en-Vosges*. — Exprès : 4 kilom.

Fab.: TISSERAND.

225. **Xamontarupt.** — Poste, télég. et gare : *Docelles*. Exprès : 4 kilom. Fab.: JACQUEMIN-RIVOT.

226. **Xertigny.** — (Féculerie des Rouges-Gouttes). — ⊠ T ▦ — D. fab.: 3 kilom. Fab.: VALENTIN. Q. p. de t.: 8 à 900 kilog. — Fécule verte.

227. **Xertigny.** (Féculerie d'Amery). — ⊠ T ▦ Fab.: FARINEZ HENRI.

ARRONDISSEMENT DE MIRAUMONT

228. **Void-d'Escles.** — Commune d'**Escles.** — Poste, télég. et gare : *Lerrain*. — Exprès : 3 kilom. R. soc.: DÉMARD FILS et Cie.

ARRONDISSEMENT DE REMIREMONT

229. **Eloyes.** — ⊠ — Télég.: *Jarménil*. — Exprès : 4 kilom. — Gare : *Pouxeux*. — D. fab. 4 kilom. Fab.: GÉRASIME BEAUMONT. Q. p. de t.: 675 kilog.

230. **Eloyes.** — ⊠ — Télég.: *Jarménil.* — Exprès : 4 kilom. — Gare : *Pouxeux.*
Fab.: DEMANGEON NICOLAS.

231. **Eloyes.** — ⊠ — Télég.: *Jarménil.* — Exprès : 4 kilom. — Gare : *Pouxeux.* — D. fab.: 4 kilom.
Fab.: GUSTAVE THOMAS.

232. **Eloyes.** — ⊠ — Télég.: *Jarménil.* — Exprès : 4 kilom. — Gare : *Pouxeux.*
Fab.: THIAVILLE-HUBERT.

233. **Eloyes.** — ⊠ — Télég.: *Jarménil.* — Exprès : 4 kilom. — Gare : *Pouxeux.*
Fab.: THIRIET.

234. **Faucompierre.** — Poste, télég. et gare: *Docelles.* — Exprès : 5 kilom. — D. fab. gare : 4 kilom.
Fab.: COLIN CHARLES.
Q. p. de t.: 700 kilog.
Obs.: La limpidité de l'eau qui alimente cette usine permet de livrer des fécules extra-supérieures.

235. **Jarménil.** — Poste : *Pouxeux.* — T ⊞ — D. fab.: 500 mètres.
Fab.: Vve N. HOUOT.

236. **Jarménil.** — Poste : *Pouxeux.* — T ⊞ — D. fab.: 300 mètres.
Fab.: LEGAY N.
Q. p. de t.: 700 kilog.

237. **Pouxeux.** — ⊠ T ⊞.
Fab.: COQUAND N.

238. **Pouxeux.** — ⊠ T ⊞.
Fab.: HOUOT J.-B.

239. **Pouxeux.** — ✉ 🕾 🚂 .
 Fab.: J. N. THIAVILLE.

240. **Raon-aux-Bois.** — Poste et gare : *Remirémont*.
Télég.: *Arches*. — Exprès : 7 kilom.
 Fab.: COUNOT.

241. **Raon-aux-Bois.** — Poste et gare : *Remiremont*.
— Télég.: *Arches*. — Exprès : 7 kilom.
 Fab.: GÉRARD-GÉRARD.

242. **Raon-aux-Bois.** — Poste et gare : *Remiremont*.
— Télég.: *Arches*. — Exprès : 7 kilom.
 Fab.: C. POIROT.

243. **Remiremont.** — ✉ 🕾 🚂 .
R. soc. : VEUVE SPONY.

244. **Remiremont.** — ✉ 🕾 🚂 .
Fab.: E. LANG.

245. **Rupt-sur-Moselle.** — ✉ 🕾 🚂 .
Fab.: VEUVE COURROY.

246. **Saint-Etienne.** — Poste, télég. et gare : *Remiremont*. — Exprès : 2 kilom.
 Fab.: BAILLY-AMONT.

247. **Saint-Etienne.** — Poste, télég. et gare : *Remiremont*. — Exprès : 2 kilom.
 Fab.: BAILLY FILS.

248. **Saint-Etienne.** — Poste, télég. et gare : *Remiremont*. — Exprès : 2 kilom.
 Fab.: BOURION.

249. **Saint-Etienne.** — Poste, télég. et gare : *Remiremont*. — Exprès : 2 kilom.
 Fab.: GRAVIER LÉON.

Q. p. de t.: 400 kilog.

Obs.: Usine annexe de la ferme, une des plus anciennes des environs fondée en 1839 par *J. N. Gravier*, vendue en 1892 à *Léon Gravier*.— Eau claire et fraîche provenant de source voisine qui assure à ses produits une grande blancheur.— Bon centre de production.— Matière première de bonne qualité, provenant de terres légères.

250. **Saint-Etienne**. (Féculerie des Cailles-Joliot).— Poste, télég. et gare : *Remiremont*.— D. fab.: 7 kilom.
Fab.: HOUOT-AMÉ.
Q. p. de t.: 400 kilog.
Obs.: Usine hydraulique fondée en 1869, placée dans un bon centre de production.— Eau très limpide provenant de source.

251. **Saint-Etienne**.— Poste, télég. et gare : *Remiremont*.— Exprès : 2 kilom.
Fab.: F. S. THIAVILLE.

252. **Tendon**.— Poste, télég. et gare : *Docelles*.— Exprès : 7 kilom.
Fab.: LOUIS BEZEL.

253. **Tendon**.— Poste, télég. et gare : *Docelles*.— Exprès : 7 kilom.
Fab.: BRÉCHAIN.

254. **Tendon**. — Poste, télég. et gare : *Docelles*. — Exprès : 7 kilom.
Fab.: LASSAUSSE.

ARRONDISSEMENT DE SAINT-DIÉ-DES-VOSGES

255. **Anould**. — ✉ T 🏭. — D. fab.: 200 mètres.
Fab.: VICTOR GEORGE.
Q. p. de t.: 1.000 kilog.

256. Anould. — ◻ T 🚂.
R. soc.: PERROTEY et MICHEL.

257. Bertrimoutier. — Poste et gare: *Saint-Dié*. Télég.: *Laveline*. — Exprès: 4 kilom.
Fab.: AUG. PIERRAT à Saint-Dié.

258. Beulay. — Poste et gare: *Saint-Dié*. — Télég.: *Provenchères*. — Exprès: 1 kilom.
Fab.: JACQUOT B.

259. Biffontaine. — 🚂 — Poste et télég.: *Bruyères-en-Vosges*. — Exprès: 9 kilom.
Fab.: AUG. PIERRAT à Saint-Dié.

260. Biffontaine. — 🚂 — Poste et télég.: *Bruyères-en-Vosges*. — Exprès: 9 kilom.
Fab.: SERGENT.

261. Bourgonce (La). — Poste et gare: *St-Michel-sur-Meurthe*. — Télég.: *Etival*. — Exprès: 7 kilom.
Fab.: JEANNEL.

262. Bourgonce (La). — Poste et gare: *St-Michel-sur-Meurthe*. — Télég.: *Etival*. — Exprès: 7 kilom.
Fab.: AUG. PIERRAT à St-Dié.

263. Brouvelieures. — ◻ T — Gare: St-Dié.
R. Soc.: Vve GUYOT.

264. Corcieux. — ◻ T 🚂. — D. fab.: 3 kilom.
Fab.: CRISTOPHE.
Q. p. de t.: 400.

265. Corcieux. — ◻ T 🚂. — D. fab.: 5 kilom.
Fab.: GROSJEAN.
Q. p. de t.: 300 kilog.

266. Corcieux. — ◻ T 🚂. — D. fab.: 2 kilom.

Fab.: AUGUSTE MARTIN.
Q. p. de t.: 300 kilog.

267. **Corcieux.** — ⊠ T 🏭. — D. fab.: 3 kilom.
Fab.: FÉLIX MARTIN.
Q. p. de t.: 700. kilog.

268. **Corcieux.** — ⊠ T 🏭. — D. fab.: 3 kilom.
Fab.: PENDEZÉE.
Q. p. de t.: 300 kilog.

269. **Denipaire.** — Poste : *Senones*. — Télég. :
Moyenmoutier. — Exprès: 6 kilom. — Gare : *St-Michel-sur-Meurthe*. — D. fab.: 10 kilom.
Fab.: AUGUSTE CLAUDEL.
Q. p. de t.: 500 kilog.
Obs.: Etablissement situé dans un centre de production favorable à la qualité des pommes de terre. L'usine étant alimentée par l'eau de source fournit une fécule d'une extrême blancheur.

270. **Denipaire.** — Poste : *Senones*. — Télég. :
Moyenmoutier. — Exprès: 6 kilom. — Gare : *St-Michel-sur-Meurthe*.
Fab.: NICOLE PIERRAT.

271. **Denipaire.** — Poste : *Senones*. — Télég. :
Moyenmoutier. — Exprès: 6 kilom. — Gare : *St-Michel-sur-Meurthe*.
R. soc.: COMONT FRÈRES et BRONNER.

272. **Domfaing.** — Poste et télég.: *Brouvelieures*. —
Gare : *Bruyères-en-Vosges*. — D. fab.: 6 kilom.
Fab.: A. VILLAUME.
Q. p. de t.: 250 kilog.

273. **Etival** (féculerie du Brisegenaux). — ⊠ T 🏭.
(*Etival-Clairfontaine*). — D. fab.: 2 kilom.

Fab.: FUCHS ALEXANDRE.
Q. p. de t.: 1.000 kilog.

274. Etival. — ✉ T 🏭.
Fab.: AUG. PIERRAT à Saint-Dié.

275. Frapelle. — Poste et gare : *St-Dié-en-Vosges*. — Télég.: *Provenchères*. — Exprès : 2 kilom.
Fab.: DURAND VICTOR.
Q. p. de t.: 1.000 kilog.
Obs.: Féculerie dont la fondation date de 1862, une des plus anciennes des Vosges. Placée dans un excellent centre de production pour la pomme de terre, et de très bonne qualité provenant de terres légères.— Fécules 1res supérieures et repassées. 1re marque des Vosges.

276. Grandrupt.— Poste et télég.: *Senones*, téléphone : *Saint-Stail.*— Gares : *Senones* à 8 kilom.— *Etival* à 18 kilom.
Fab.: PROSPER CLAUDEL.
Q. p. de t.: 500 kilog.

277. Granges.— ✉ T 🏭.
Fab.: J. MATHIEU.

278. Herpelmont.— Poste, télég. et gare : *Bruyères-en-Vosges.*— Exprès : 6 kilom.
Fab.: P. SONREL.

279. Hurbache.— Poste, télég. et gare : *Moyenmoutier.*— Exprès : 4 kilom.
Fab.: BERNARD.

280. Hurbache.-- Poste, télég. et gare : *Moyenmoutier.*— Exprès : 4 kilom.
Fab.: PIERRAT XAVIER.

281. Jussarupt.— Poste et gare : *Bruyères-en-Vosges.*

— Télég.: *Granges.*— Exprès : 5 kilom.
Fab.: BARADEL.

282. Jussarupt.— Poste et gare : *Bruyères-en-Vosges.*
— Télég.: *Granges.*— Exprès : 5 kilom.
Fab.: GREMILLET J.-B.

283. Mortagne.— Poste et télég.: *Brouvelieures.*—
Exprès : 6 kilom.— Gare : *Saint-Dié.*
Fab.: Vve P. GUYOT.

284. Nompatelize. — Poste et gare : *Saint-Michel-sur-Meurthe.* — Télég.: *Etival.* — Exprès : 5 kilom.
Fab.: JACQUOT ALEX.

285. Pair et Grandrup. — Poste, télég. et gare :
Saint-Dié.
Fab.: AUG. PIERRAT à Saint-Dié.

286. Raves. — Poste et gare *Saint-Dié.* — Télég.:
Laveline. — Exprès : 3 kilom.
Fab.: GÉRARD.

287. Saint-Dié-en-Vosges. — ⊠ ↑ ▥.
Fab.: CHEVALIER-ANSELM.

288. Saint-Dié-en-Vosges. — ⊠ ↑ ▥
Fab.: DE MIRBECK.

289. St-Dié-en-Vosges (Rue de la Gare). — ⊠ ↑ ▥.
Fab.: AUG. PIERRAT.

290. Saint-Jean-d'Ormont. — Poste et télég. :
Senones. — Gare : *Etival.* — D. fab.: 8 kilom.
Fab.: PROSPER CLAUDEL.
Q. p. de t.: 500 kilog.
Obs.: Eaux limpides, terrains 1/2 argileux et graniteux.

291. Saint-Léonard. ▥ — Poste et télég.: *Anould.*
— Exprès : 2 kilom.

R. soc.: LEBÉDEL et THOMAS.

292. St-Léonard. — 🚂 — Poste et télég.: *Anould*. — Exprès : 2 kilom.
Fab.: POIGNON.

293. Saint-Marguerite. — Poste, télég. et gare : *Saint-Dié*. — Exprès : 4 kilom.
R. soc.: Vve POIROT.

294. St-Michel-sur-Meurthe. — ▢ 🚂 — Télég.: *Etival*. — Exprès : 6 kilom.
Fab.: BLAISE.

295. Saulcy (Le). — 🚂 — Poste : *Senones*. — Télég.: *Moussey*. — Exprès : 4 kilom.
Fab.: DARGEOT.

296. Saulcy (Le). — 🚂 — Poste : *Senones*. — Télég : *Moussey*. — Exprès : 4 kilom.
Fab.: AUG. PIERRAT à St-Dié.

297 Vervezelle. — Poste et télég.: *Brouvelieures*. — Exprès : 2 kilom. — Gare : *Bruyères-en-Vosges*.
Fab.: VILLAUME.

298. Voivre (La). — Poste et gare : *Saint-Dié-sur-Meurthe*. — Télég.: *Etival*. — Exprès : 5 kilom.
Fab.: JACQUOT.

USINE DE PORT-SALUT par VERBERIE (Oise)

E. CHAUVET

FÉCULES, AMIDONS & AMIDINES

Brisures et Fleurages de Maïs et Pommes de terre

GERMES ET TOURTEAUX 4115

DESSON FRÈRES
Électriciens-Constructeurs
SAINT - QUENTIN
(Aisne)
ÉLECTRICITÉ ET MÉCANIQUE
SPÉCIALITÉS
ÉCLAIRAGE
Transport de Force
MACHINES A VAPEUR
pour la conduite directe des Dynamos
ÉCLAIRAGE INTÉRIEUR
des Appareils d'évaporation et des Étuves
Fournitures Générales pr l'Electricité
4131

Liste des Féculeries Françaises

PAR ORDRE ALPHABÉTIQUE

On trouve au Bureau du Journal

"LA POMME DE TERRE INDUSTRIELLE"

à ANZIN (Nord)

LES ADRESSES-ÉTIQUETTES

POINTILLÉES & GOMMÉES

1° De tous les **Féculiers de France**, 300 adresses environ, franco par poste.............. **3 00**

2° De tous les **Glucosiers de France** et de l'Etranger, franco par poste.............. **1 00**

3° De tous les **Distillateurs agricoles** et industriels de France, 450 adresses environ, franco par poste.............. **4 50**

Ces collections toujours mises à jour sont très commodes pour l'expédition rapide et économique des prospectus, catalogues et échantillons.

FÉCULERIES BELGES

Jodoigne (province du Brabant). — ⬚ ⌒ ⬚.
Fab.: VAN BASTELAER (G).

Tirlemont (province du Brabant). — ⬚ ⌒ ⬚.
Fab.: GUSTAVE MASSA.

GLUCOSERIES BELGES

1. **Alost** (Flandre Orientale). — ⬚ ⌒ ⬚.
Fab.: BLONDIAU VICTOR.

2. **Alost.** — Fab.: BRUYNDONCKX.

3. **Alost.** — Fab.: CALLEBAUT FRÈRES.

4. **Alost.** — Fab.: SCHALTIN et LEJEUNE.

5. **Baesrode** (Flandre Orientale). — ⬚ ⌒ ⬚.
Fab.: P. VERMYLEN et FILS.

6. **Bruxelles** (Brabant). — ⬚ ⌒ ⬚.
Fab.: BLIECK FRÈRES.

7. **Bruxelles.** — Fab.: DESCHEPPER.

8. **Leupeghem** (Flandre Orientale). — ⌒ ⬚ —
Poste : *Audenarde.*
Fab.: LE CLERCQ HYACINTHE.

FLOTTEURS JUSQU'A UN MÈTRE D'ORIFICE
et Appareils divers
A. DEGOIX, Ingénieur, 42 et 44, r. Masséna, LILLE

14

FILTRES PHILIPPE

Brevetés S. G. D. G.

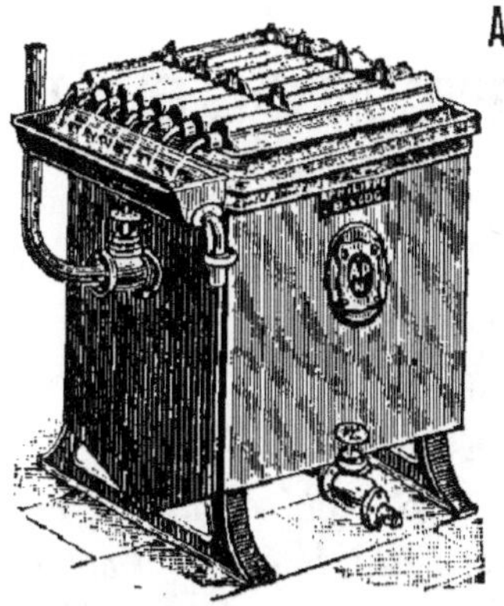

A GRANDES SURFACES FILTRANTES

et à poches indépendantes

POUR

JUS, SIROPS, MÉLASSES, GLUCOSES, EAUX, ETC.

FIXES OU MOBILES

de toutes grandeurs

FILTRES A PRESSION

sans contact de l'air, et à écoulement visible pour
chaque poche filtrante

FILTRES DE LABORATOIRES

A SIMPLE ET DOUBLE FILTRATION

PARIS 1891 — Hors Concours, Membre du Jury.
PARIS 1892 — Diplôme d'Honneur.

A. PHILIPPE, Ingénieur-Constructeur

124, Boulevard Magenta, PARIS

Adresse Télégraphique, ALFILIPE-PARIS

3959

GLUCOSERIES FRANÇAISES

MEURTHE-ET-MOSELLE

1. **Lunéville.**— *Veuve Victor Jeanclaude.*

NORD

2. **Estaires.**— *Leconte Dupont fils et Cie.*
3. **Haubourdin.**— *Cousin-Devos.*
4. **Marquette-lez-Lille.**— *Société anonyme des Amidonneries et Glucoseries, (établissement Verley).*
5. **Valenciennes.**— *L. Dugnolle fils*, 3, rue Vauban.

RHONE

6. **Lyon.**— *Biétrix.*
7. **Lyon.**— *Sognier*, 44, Chemin de la Vitriolerie.

SAONE-ET-LOIRE

8. **Châlon-sur-Saône.**— *Société anonyme des Féculeries et Glucoseries.*— Dir.: *Edmond Thiébaut.*
9. **Tournus.**— *Féculerie et Glucoserie de Tournus.* (Société Anonyme).— Directeurs : *A. Georges et P. Matrot.*

SEINE

10. **Paris.**— *Gallet, Gibou et Cie.*— 17, rue de l'Argonne.
11. **La Briche.**— par SAINT-DENIS.— *P. Foucher.*

VOSGES

12. Epinal.— *Schupp-Humbert.*

La Chambre syndicale des Fabricants de Sirops, Glucoses et Caramels a son siège, 3, rue Vauban, Valenciennes (Nord).

Cette chambre syndicale des principaux consommateurs de fécule a été établie vers le milieu de 1892.

La Chambre syndicale agricole des Fécules de Paris, des Vosges et de l'Oise a son siège 10, rue de Lancry, Paris.

EN VENTE

au Bureau du journal « la Pomme de terre »

22, rue de la Liberté, ANZIN (Nord)

TRAITÉ DE

LA DISTILLATION

DES

Produits agricoles et industriels

PAR

MM. J. FRITSCH et **E. GUILLEMIN**

avec **90** figures dans le texte

Prix : **8** *fr.* — *Franco par poste :* **8.60**

AMIDONNERIES FRANÇAISES

PAR DÉPARTEMENTS

AISNE

ARRONDISSEMENT DE LAON

1. **Blérancourt.**— ☒ T — Gares : *Chauny* ou *Noyon*.
— D. fab.: 12 kilom.— Quai : *Appilly-Trosly*, à 6 kil.
R. soc.: CORDIER et GRANDEL.— Dir.: *Cordier*.
Q. de maïs : 3.000 kilog.

ARRONDISSEMENT DE CHATEAU-THIERRY

2. **Charly-sur-Marne.** ☒T — Gare: *Nogent l'Artaud*.
SOCIÉTÉ ANONYME.

BOUCHES-DU-RHONE

3. **Marseille.** — ☐ T (Arène) ▦. *Saint-Charles.*—
D. fab. : 2 kilom.
Fab.: B^mt MOUREN AINÉ, J. MOUREN, successeur,
4, chemin de Saint-Joseph.
Q. blé dur par heure : 300 kilog. représentant en
amidon 1re qualité environ cent cinquante kilog. et en
amidon 2me qualité quinze à vingt kilos.
Obs. : Maison fondée en 1845, fabriquant à cette
époque environ 100 kilog. d'amidon par jour, produisant
aujourd'hui plus de 1500 kilog. d'amidon 1re qualité,

très estimé des consommateurs et connu sous la marque l'*Etoile*. — Cet amidon est employé avec avantage pour apprêts (soies, fils, cotons, etc.), pour la confiserie et la parfumerie.

4. Marseille.
Fab. : BERRE CHARLES, 23, Rue de Cassis.

5. Marseille.
Fab.: HESS FRÈRES, 352, Boulevard National.

6. Marseille.
Fab. : H. MASSOT ET Cie, 21, Rue Caravelle.

7. Marseille.
Fab. : J.-B. ROMANA FILS, 5, rue Toussaint belle de Mai.

HAUTE-GARONNE

8. Toulouse.
Fab.: ESTRADE, gendre: MARCOU, 45, rue des Amidonniers.

9. Toulouse.
Fab.: F. LAPORTE, 41, rue des Amidonniers.

10. Toulouse.
Fab.: MARCOU ANGE, 16, faubourg Bonnefroy.

HAUTE-SAONE

ARRONDISSEMENT DE LURE

11. Citers. — ✉ 🚂 — Télég.: *Luxeuil*. — Exprès : 10 kilom.
Fab.: ED. GROSS.

ILLE-&-VILAINE

12. Rennes. — ✉ ☎ 🚂.
Fab.: BODIER

13. Rennes.
Fab.: GAUDIN.

14. Rennes.
Fab.: A. TIRET.

LOIRE

ARRONDISSEMENT DE ROANNE

15. Régny. — ✉ ☎ 🚂.
Fab.: PÉCHARD.

MAINE-&-LOIRE

16. Angers. — ✉ ☎ 🚂.
Fab.: J. GOURDON FILS, 5, rue Ollivier.

MEURTHE-&-MOSELLE

ARRONDISSEMENT DE NANCY

17. Tomblaine. — Poste et télég.: *Nancy.* — Exprès:
3 kilom. — Adresse télég.: *Bloch-Tomblaine-Nancy.* —
Gare: *Nancy-Saint-Georges.*
R. soc.: N. et J. BLOCH.

Tuyaux spéciaux pour irrigations de Féculeries

A. DEGOIX, Ingénieur, 42 et 44, r. Masséna, LILLE

TRAVAUX HYDRAULIQUES & USINES A GAZ

A. DEGOIX

INGÉNIEUR-CIVIL

42-44, rue Masséna, à LILLE

TUYAUX SPÉCIAUX POUR IRRIGATIONS

DES EAUX

DE FÉCULERIES ET DE SUCRERIES

en Fonte et en Tôle d'Acier

Ce système, le plus économique, garanti sans fuites, peut être mis en place par de simples manœuvres : le démontage et le remontage se font avec la plus grande facilité.

POMPES & PROPULSEURS

Tuyaux en Fer

Tuyaux en plomb — robinets vannes — soupapes — flotteurs jusqu'à un mètre de diamètre d'orifice et appareils divers.

4154

NORD

ARRONDISSEMENT DE LILLE

18. Marquette-lez-Lille. — Poste: *Lille.* — ⊤ —
Gares: *La Madeleine-lez-Lille* et *Lille.*
SOCIÉTÉ ANONYME DES AMIDONNERIES ET
RIZERIE DE FRANCE. (Etablissements VERLEY-
DESCAMPS). — Administrateur délégué: *E. Verley.*
Grand diplôme d'honneur Genêve 1889.
Téléphone *Lille-Paris.*

19. Lille.
Fab.: DUBREUCQ-PÉRUS, faub⁵ de Tournai, 268.
Usine à *Marquette.*

20. Haubourdin. — ⊠ ⊤ 🚂 et tramway: *Lille-
Haubourdin.* — Téléphone.
Fab.: COUSIN-DEVOS.

21. Estaires. — ⊠ ⊤ 🚂
Fab.: PAUL et ACHILLE DUPONT FILS et Cᶦᵉ.

ARRONDISSEMENT DE CAMBRAI

22. Cambrai. — ⊠ ⊤ 🚂
Fab.: TH. de GAND, rue des Sœurs de Charité 15.

ARRONDISSEMENT DE DOUAI

23. Douai. — ⊠ ⊤ 🚂
Fab.: L. TAILLIEZ, 4, rue Saint-Nicolas.

ARRONDISSEMENT DE VALENCIENNES

24. Valenciennes. — ⊠ ⊤ 🚂
SOCIÉTÉ ANONYME DES AMIDONNERIES
FRANÇAISES. — Dir.: *P. Pesier,* faub. Cambrai.

OISE

ARRONDISSEMENT DE COMPIÈGNE

25. **Port-Salut-Verberie.**— Poste et télég.: *Verberie.*
— Exprès : 1 kilom.— Gares : *Longueil-Sainte-Marie* à
3 kilom. 600.— *Verberie* à 2 kilom.— Quai: Usine (Oise).
Fab.: E. CHAUVET.

ORNE

ARRONDISSEMENT DE DOMFRONT

26. **Flers.**— ✉ T 🚂
Fab.: J. MEUNIER.

27. **Tinchebray.**— ✉ T 🚂
Fab.: EUG. BRUNET.

PAS-DE-CALAIS

ARRONDISSEMENT DE SAINT-OMER

28. **Wizernes.** — ✉ T 🚂.
Fab.: FLOURENS et Cie.

SAONE-&-LOIRE

ARRONDISSEMENT DE CHAROLLES

29. **Palinges.** — ✉ T 🚂. — Exprès: 1 kilom.
Fab.: G. DUVERNE et Cie.

Tuyaux spéciaux pour irrigations de Féculeries

A. DEGOIX, Ingénieur, 42 et 44, r. Masséna, LILLE

SARTHE

ARRONDISSEMENT LE MANS

30. Le Mans. — ✉ T 🚂.
Fab.: PINEAU AÎNÉ, 78, rue Chanzy.

31. Yvré l'Evêque. — ✉ T 🚂.
SOCIÉTÉ DES USINES A RIZ ET AMIDONNE-
RIES DE LA SARTHE.

SEINE

ARRONDISSEMENT DE PARIS

32. Paris. — ✉ T 🚂.
AMIDONNERIE DES DEUX MOULINS, 69-71, rue
de la Verrerie.

33. Paris.
Fab.: FOUQUIER, 171, rue d'Allemagne.

ARRONDISSEMENT DE SAINT-DENIS

34. Saint-Denis. — ✉ T 🚂.
Fab.: G. SEGAUST, 30, rue de la Briche.

35. Clichy-la-Garenne. — ✉ T 🚂.
Fab.: LESIEUR et CAREL, 39, rue des Réservoirs.

SEINE-INFÉRIEURE

36. Rouen. — ✉ T 🚂 — Quai : La Seine.
Fab.: LEMYRE A. R. et V. MASURE.

37. Rouen. — ✉ T 🚂
Fab.: LEROUX-LOUVET FILS.

Amidonnerie et fabrique de dextrine.— Maison fondée en 1828 ayant obtenu médailles d'or à Paris 1878, Rouen 1884, Beauvais 1885, Anvers 1885 et Paris 1889, pour la supériorité de ses produits.

SEINE-ET-OISE

ARRONDISSEMENT DE VERSAILLES

38. **Vesinet.**— 🖂 ☏ 🚂
Fab.: AMIDONNERIE DU PHÉNIX.

VOSGES

ARRONDISSEMENT DE NEUFCHATEAU

39. **Neufchâteau.**— 🖂 ☏ 🚂
Fab.: MATHIEU-GOURDOT et Cie.

ARRONDISSEMENT DE REMIREMONT

40. **Rupt-sur-Moselle.**— 🖂 ☏ 🚂
Fab.: PAUL FOREL.

DISTILLERIES

DE POMMES DE TERRE

ET DE TOPINAMBOURS

DE FRANCE

avec nombreux renseignements sur chacune de ces usines

N.-B. — Ayant demandé à MM. les Distillateurs eux-mêmes de vouloir bien nous communiquer les renseignements nécessaires pour la préparation de notre Annuaire, nous ne pouvons être déclaré responsable ni des erreurs, ni des omissions.

ARDENNES

ARRONDISSEMENT DE VOUZIERS

1. **Olizy.** — Poste et télég.: *Grampré*. — Exprès: 8 kilom. — Gare: *Vouziers*.
Dist.: MARC DE LA PERRELLE, Ing. agronome.
Pommes de terre: 12.000 kilog. par 24 heures. — (Montage *Fourcy*).

INDRE

ARRONDISSEMENT DE CHATEAUROUX

2. **Lancosme.** — Poste et télég.: *Vendoeuvres*. — Exprès: 3 kilom. — Gare: *Buzançais*.

Dist.: DE CROMBEZ.
Betteraves et topinambours.

3. Saint-Maur-sur-Indre. — Poste : *Châteauroux*.
Télég.: *Saint-Maur* (Gare). — Exprès : 1 kilom. — 🚉
D. dis.: 200 mètres.
Dist.: VALÉRY MASQUELIER. — Dir.: *Etienne Poisson*.
Betteraves et topinambours : 30.000 kilog.

LOIRET

ARRONDISSEMENT DE MONTARGIS

4. Changy-les-Bois. — Poste et télég.: *Varennes*.
— Exprès: 3 kilom. — Gare : *Nogent-sur-Vernisson*.
Dist.: E. BONIFACE.
Topinambours.

NORD

ARRONDISSEMENT DE DOUAI

5. Le Raquet-Lambres. — Poste et télég.: *Douai*.
— Adresse télég.: *Trannin-Douai*. — 🕿 *Usine*. —
Gare : *Douai*. — D. dist.: 2 kilom. — Quai du Commerce *Douai*.
Dist.: ALFRED TRANNIN.
Betteraves, Grains et Pommes de terre.

OISE

ARRONDISSEMENT DE BEAUVAIS

6. Villers-St-Sépulcre. — Poste et télég.: *Hermes*.

Exprès : 4 kilom. — Gare : *Villers-Saint-Sépulcre.* — D. dist.: 600 mètres.

R. soc.: COMPAGNIE DE PRODUITS ANTISEP-TIQUES. — Dir.: *Henry Gall.*

Grains : 8.000 kilog.— Pommes de terre : 25.000 kilog.

ARRONDISSEMENT DE CLERMONT

7. **Catenoy**. — Poste : *Liancourt.* — Télég.: *Sacy-le-Grand.* — Exprès : 4 kilom. — Quai et gare : *Catenoy.* — D. Usine : 200 mètres.

Dist. JULES ASSIÉ.

Pomme de terre : 70.000 kilog.

Distillerie et Féculerie de pommes de terre.

8. **Moyenneville**. — Poste : *La Neuville-Roy.* — Télégrammes restant : *Moyenneville.* — 🚂 — D. dist.: 200 mètres par raccordement.

R. soc.: BOULLENGER et ses FILS.— Dir.: *Eugène Boullenger.*

Betteraves : 120.000 kilog. — Grains : 5.000 kilog.— Pommes de terre : 16.000 kilog. avec rectification.

La distillerie travaille d'après le système breveté de diffusion économique *Eugène Boullenger.*

ARRONDISSEMENT DE SENLIS

9. **Saint-Germain**. C^ne de **Crépy-en-Valois**. — ✉ T 🚂. — D. dist.: 1 kilom. 500.

Dist.: MICHON.

Betteraves : 30.000 kilog. — Pommes de terre : 10.000 kilog. (par le malt vert).

Distillerie agricole. Rectification continue.

PAS-DE-CALAIS

ARRONDISSEMENT D'ARRAS

10. Noreuil.— Poste et télég.: *Vaulx-Vraucourt.*— Exprès : 3 kilom.— Gare : *Ecoust-St-Mein.*— D. dist.: 3 kilom.
R. soc.: AUBOIN et J. BIDENT.
Betteraves : 50.000 kilog.— Pommes de terre.

SEINE-ET-OISE

ARRONDISSEMENT DE MANTES

11. Olivet. Commune de **Gambais.**— Poste et télég.: *Gambais.*— Gare : *Torcoignières.*
Dist.: P. HARENGER.— Chimiste, Ch. de travaux : *E. Bué.*
Betteraves et pommes de terre.

SOMME

ARRONDISSEMENT DE MONTDIDIER

12. Hallu.— Poste, télég. et gare : *Chaulnes-Picardie.* — Exprès : 3 kilom.— Dist. gare : 1 kilom.
Dist.: CUVILLIER.
Pommes de terre : 10.000 kilog.— Fonctionnera la campagne prochaine— Ancienne distillerie de betteraves.

HAUTE-VIENNE

ARRONDISSEMENT DE BELLAC

13. Le Dorat -- [illegible] — D. dist.: 1 kil. 100.

R. soc.: BERNARD FRÈRES et LEURENT.— Dir.:
A. Daudier.
Topinambours : 80.000 kilog.

VIENNE

ARRONDISSEMENT DE MONTMORILLON

14. **Lhommaizé**. — ✉ T — Adresse télég.: *Distillerie Lhommaizé.* — 🚂 D. dist.: 3 kilom.
Dist.: ROBERT DE BEAUCHAMPS. — Dir.: *Cuvillier.*
Pommes de terre : 40.000 kilog. — Ancienne distillerie de topinambours et de maïs. — Engraissement de 600 bœufs.

VOSGES

ARRONDISSEMENT D'ÉPINAL

15. **Uriménil**. — Poste, télég. et gare : *Dounoux.* — D. dist.: 5 kilom. — Quai: *Uzemain.*
R. soc.: J. CHOLET et Cie.
Q. p. de t.: 50.000 kilog. par 24 heures.
Obs.: Distillerie et féculerie de pommes de terre. Alcool de choix.

ROBINETS-VANNES ET SOUPAPES

A. DEGOIX, Ingénieur, 42 et 44, r. Masséna, LILLE

LIVRE V

PARTIE COMMERCIALE

Fournisseurs des Cultivateurs de Pommes de terre, Féculiers, Glucosiers, Amidonniers et Distillateurs de Pommes de terre

PETITES ANNONCES ÉCONOMIQUES [1]

Adresses-Étiquettes

En vente au Bureau du Journal, 22, rue de la Liberté,
à Anzin (Nord).

Agrafes pour Courroies

Lagrelle A , à Villeron, par Louvres (Seine-et-Oise).

Analyses et Recherches

Van Rutten A., 13, rue de Mons, Valenciennes (Nord).

[1] Tout fournisseur de l'Industrie betteravière souscripteur à l'*Annuaire* de "*La Pomme de terre industrielle*" avant la fixation du tirage de cet ouvrage a droit d'être porté sur cette liste, nom et adresse sous une rubrique à son choix.
Chaque inscription supplémentaire coûte 1 franc la ligne.

Appareils de Pesage

Ph. Meura et L. Janssens, à Anzin (Nord).

Arracheurs de Pommes de terre et Instruments agricoles

Flaba, Le Cateau (Nord).

Articles pour l'Industrie

Buzin J., 54, rue Henri Kolb, Lille (Nord).
Cambray et Cie, à Aniche (Nord).

Bâches

Gennevoise P. et M., à Hélemmes, par Lille (Nord).

Balances de précision

Exupère L., 71, rue Turbigo, Paris.

Blanchiment et désodorisation des Fécules

Hermite, 4, rue Drouot, Paris.

Brosseurs de Pommes de terre

Denis-Lefèvre et Cie, à Saint-Quentin (Aisne).

Caniveaux et Tuyaux

Société des Briques et Pierres blanches, à Denain (Nord).
(Anciens Etablissements Nothomb).

Chaudronnerie en fer

Dennis Eugène, à Marly-lez-Valenciennes (Nord).
Marthe et ses Fils, 15, rue du Jura, Paris.

Constructions mécaniques

Durozoi et Cie, 129, rue de Reuilly, à Paris.
Dolignon, boulevard Victor Hugo, à Saint-Quentin (Aisne).
Fourcy E. et Fils, à Corbehem (Pas-de-Calais).
Georges O. et Cie, 54, boulevard Richard-Lenoir, à Paris.
Joly Jules, à Saint-Ghislain, près Mons (Belgique).
Meura Ph. et L. Janssens, à Anzin et à Tournay (Hainaut-Belgique).
Matthot, à Rouen (Seine-Inférieure).
Thomas A., à Compiègne (Oise).
Velin Henri, à Rambervillers (Vosges).
Wauquier E. et Fils, 69, rue de Wazemmes, à Lille (Nord).

Courroies

Durand frères, au Val-d'Ajol (Vosges).
G. Hoppenstedt, 9 bis, Passage des Petites Ecuries, Paris.
Mme Martine, 15, rue de Roubaix, Lille (Nord).
Bimbenet E. 13, rue des Foulons, Valenciennes (Nord).

Courtiers et Négociants en Fécules, etc.

Leroux-Louvet fils, 8, place St-Eloi à Rouen (Seine-Inférieure).
Masure, Ferry et Héduit, à Rouen (Seine-Inférieure).
A. Pourreau, 26, route de Clermont à Compiègne.
Henri Remy et Courtin, 28, rue St-Eloi à Rouen (S.-Inférieure).
Fécules et Amidons, Gommelines, Dextrines, Léiogommes, Produits pour Tissages, Apprêts, Blanchiment, Teinture et Impressions. — Huiles tournantes et solubles, Alizarines, Outremers, Produits d'Aniline. — Parements spéciaux pour Tissage. — Adresse pour télégrammes: Rémy-Courtin-Rouen. *Téléphone.*
Aug. Renée, 9, rue des Chaperons-Rouges à Soissons (Aisne).

Électricité

Desson frères, 23, place de la Gare, St-Quentin (Aisne).
Quivy L. fils, 9, rue Marceau, Anzin (Nord).

Épuration des Eaux calcaires

Van Rutten A., 13, rue de Mons à Valenciennes (Nord).

Épuration rémunératrice des Eaux vannes

Van Rutten A., 13, rue de Mons à Valenciennes (Nord).

Études de l'Utilisation des Résidus industriels

Van Rutten A., 13, rue de Mons à Valenciennes (Nord).

Filtres mécaniques

Cambray et Cie, à Aniche (Nord).
Dolignon, boulevard Victor Hugo à St-Quentin (Aisne).
Philippe A., 124, boulevard Magenta, Paris.

Flotteurs jusqu'à un mètre de diamètre d'orifice et Appareils divers

Degoix A., ingénieur, 42-44, rue Masséna, Lille (Nord).

Fonderies de Bronze

Rombaux A., à Marly-lez-Valenciennes (Nord).

Fourches

Baudet fils, à St-Amand (Nord).
Moreau frères, à Valenciennes (Nord).

Fumisterie

Nicou et Demarigny, 37, boulevard de la Gare, Paris.

Galvanisation et Emaillage

Meura Ph. et L. Janssens, à Anzin (Nord).

Godets, Crochets et Chaînes pour élévateurs

Baudet fils, à St-Amand (Nord).

Grilles et Foyers

Charmot G., 165, rue St-Maur, Paris.
Savy E., 25, rue Dupleix-St-Maurice, Lille (Nord).
Wackernie et Cie, 25, rue des Granges-aux-Belles, Paris.

Hangars et Charpentes économiques bois et fer

Pombla, 68, avenue St-Ouen, Paris.

Huiles et Graisses

Braun Ernest, à St-Quentin, (Aisne).

Ingénieurs Civils

Bontemps, 92, rue St-Thomas, à St-Quentin (Aisne).
Rigaut, à Origny-Ste-Benoîte.

Ingénieurs Conseils

Cavalier Joseph, à Noyon (Oise)
Flourens Gustave, 4, rue Jean-Sans-Peur, Lille (Nord).

Giesbers, 141, boulevard de Magenta, Paris.
Guibillon Félix, 57, rue de l'Aqueduc, Paris.
Lavezzari André, 49, rue de Prony, Paris.

Ingénieurs Mécaniciens

J. Hignette, ingénieur mécanicien, 162 et 164, boul^d Voltaire, Paris.
A. Savalle fils et Cie, 93, avenue d'Orléans, Paris.

Instruments et Machines agricoles

Brouhot et Cie, à Vierzon (Cher).
Magnier, à Provins (Seine-et-Marne).
G. Maréchal, 4, rue de Turenne, à Arras (Pas-de-Calais).

Laboratoires de Chimie

Bertèche Georges, rue des Viviers, Valenciennes (Nord).
Gallois et Dupont, 37, rue de Dunkerque, Paris.
Sidersky D., 74, rue Jean-Jacques Rousseau, Paris.
Surelle, à Orchies (Nord).
Salmon H., à Amiens (Somme).
Van Rutten, 13, rue de Mons, à Valenciennes (Nord)
Vivien A., 18, rue de Baudreuil, St-Quentin (Aisne).

Lames de Râpes

Baudet fils, à Saint-Amand (Nord).
Moreau frères, à Valenciennes (Nord).

Machines à vapeur

Croizier A.-H., 3, rue Halévy, Paris.

Matériel d'occasion

Sicaud Numa, 10, rue Derrière-les-Murs, à Valenciennes (Nord).

Nochères, Tuyaux, Seaux en tôle pour Fabrique

Baudet fils, à Saint-Amand (Nord).

Pommes de terre de semence

Delanney G., à Les Willawos-les-Andelys (Eure).
Desprez Florimond, à Templeuve (Nord).
Egasse Ch., à Archevilliers par Chartres (Eure-et-Loire).
Lepetit Osmin, à St-Amand (Cher).
Poulet Geo, à Blérancourt (Aisne).
Vilmorin-Andrieux et Cie, 4, quai de la Mégisserie, Paris.

Pompes

Audemar-Guyon, à Dôle (Jura).
Broquet, 121, rue Oberkampf, Paris.
Dumont L., 55, rue Sedaine, Paris.
Gandillon A., à Senlis (Oise).
Villette P., 37, rue de Wazemmes à Lille.

Produits chimiques et Engrais

Bordry Eugène, à Puiseaux (Loiret).
Cie Générale des produits antiseptiques, 26, rue Bergère, Paris.
Comptoir agricole et commercial, 9, rue Nouvelle, Paris.
David et Cie, à Moustier-sur-Sambre, Liège (Belgique).
Fischer E., Usine et Cendrière de Chailvet, par Urcel (Aisne).

Produits réfractaires

Van Cauvelaert frères, à Fresnes-sur-Escaut (Nord).

Pulpes de pommes de terre torréfiées

Mouline Eugène, à Vals-les-Bains (Ardèche)

Robinets-vannes et Soupapes

Degoix A., ingénieur, 42-44, rue Masséna, à Lille (Nord).

Sacs et Toiles pour Filtres-Presses

Gennevoise P. et M., à Hellemmes, par Lille (Nord).

Séchage des Résidus des Féculeries

Ph. Meura et L. Janssens, à Anzin (Nord).

Tannerie

Poullain-Beurier, 99, rue de Flandres, Paris.

Tissus

Bloch et Meyer, 24, rue de Château-London, à Paris.
Gennevoise P. et M., à Hellemmes, par Lille (Nord).

Toiles métalliques

Roswag A. fils et gendre, 218, rue Saint-Denis, Paris.

Transports internationaux

Hauser et Joly, 21, rue Leys, à Anvers (Belgique).

Tubes en fer et en acier

Nicodème et Cie, 212, rue de Paris, à Lille (Nord).

Tuyaux en fer

Degoix A., ingénieur, 42-44, rue Masséna, à Lille (Nord).

Tuyaux en fonte

Société anonyme des Hauts-Fourneaux et Fonderies de
Pont-à-Mousson (Meurthe-et-Moselle).

Tuyaux et Hélices à ailettes

Legat, Croix-d'Anzin, à Valenciennes (Nord).

Tuyaux spéciaux pour irrigation de Sucrerie

Degoix A., ingénieur, 42-44, rue Masséna, à Lille (Nord).

Tuyaux spéciaux pour Vinasses

Degoix A., ingénieur, 42-44, rue Masséna, à Lille (Nord).

RÉPERTOIRE DES ANNONCES

PAR ORDRE ALPHABÉTIQUE

TABLE ANALYTIQUE DES MATIÈRES

LIVRE I

Traité de Chimie appliquée à la Féculerie, la Glucoserie et les Industries dérivées, par Albert Baudry, ingénieur-chimiste.

CHAPITRE Ier

Détermination de la fécule dans les pulpes de pommes de terre

CHAPITRE II

Saccharification des Fécules

CHAPITRE III

Analyse du Malt

Analyses des Moûts saccarifiés par le Malt

LIVRE II

Revue technologique

CHAPITRE Ier

Culture de la Pomme de Terre

CHAPITRE II

Chimie appliquée

CHAPITRE III

Appareils et procédés de fabrication

LIVRE III

Revue de l'année

LIVRE IV

Féculeries, Glucoseries et Amidonneries
et Distilleries de Pommes de terre
avec renseignements sur chaque Usine

LIVRE V

Partie Commerciale

Anzin (Nord). — Imp. Ricouart-Dugour.

MAISON FONDÉE EN 1862

Madame MARTINE

15, Rue de Roubaix

St-QUENTIN   LILLE   PARIS

MAISON A   MAISON A

17, Rue Saint-André   11, Rue des Mathurins

pour la Belgique, Rue Neuve à BOUSSU-LES-MONS

Spécialité pour Fournitures Industrielles

EN

FÉCULERIE - SUCRERIE - DISTILLERIE

Courroies en cuir
Courroies en coton
Courroies en caoutchouc
Courroies en chanvre
Courroies en Poils de Chameaux.
Courroies en Véritable BALATA-DICK.

CAOUTCHOUCS

Seule Concessionnaire pour les Départements

NORD

PAS-DE-CALAIS

SOMME

et AISNE

COURROIES POUR TRANSMISSIONS

COURROIES A L'ESSAI sans engagement aucun pour le client

MANUFACTURE FRANÇAISE DE

COURROIES EN COTON

« LA VOSGIENNE »

DURAND FRÈRES

USINE HYDRAULIQUE au VAL-d'AJOL (Vosges)

Coton Amérique pur. — Résistance à la traction double de celle du meilleur cuir. — Fabrication très soignée. — Fonctionnement parfait dans toutes ses applications, à la chaleur, à l'humidité, etc. Livraison immédiate dans les largeurs courantes.

L'emploi de la Courroie en Coton " LA VOSGIENNE " présente une économie de 30 0/0 sur les Courroies en Cuir, et de 50 0/0 sur celles en caoutchouc.   4061

MOREAU FRÈRES & Cie

A VALENCIENNES (Nord)

Maison fondée en 1850

SUCCURSALE, 32, boulevard Hugo, SAINT-QUENTIN

Couteaux et Porte-Couteaux de Diffusion
Lames de Râpes WACKERNIE et autres

LAMES DE RAPES A DENTS FINES POUR FÉCULERIES

Limes et Fraises en acier chromé

Retaillage de Limes et Fraises de n'importe quelle ma...

Vis, Boulons, etc.

Fourches à Pulpes, à Betteraves et à Pommes de terre
à dents démontables et dents fixes

TOUS NOS PRODUITS SONT GARANTIS

www.ingramcontent.com/pod-product-compliance
Lightning Source LLC
LaVergne TN
LVHW020048210726
843507LV00015B/18